ヴィンテージ・アイウェア・スタイル
1920's-1990's

藤井たかの

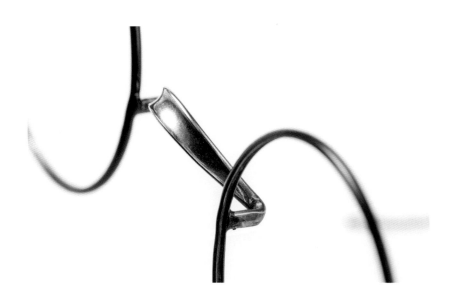

はじめに

　21世紀初頭、眼鏡業界では世界的にクラシックスタイルが潮流となり、多くのブランドやデザイナーが、何十年も前に作られたフレームをイメージソースにして、新しいデザインを発表するようになった。同時にヴィンテージ眼鏡のマーケットは成長し、日本にも個性的な専門店が生まれた。アイウェアの素晴らしいデザイン史が、これほど注目されたことは今までにないだろう――。

　本書は1920年から1990年までのヴィンテージ・アイウェアを時代ごとに解説した、日本初の書籍である。掲載されているフレームは、ミュージアムの収蔵品でも、コレクターの私物でもない。ヴィンテージショップを取材して撮影を行い、貴重な131本のフレームを「原寸」で掲載した。つまり、一部を除いた多くのフレームは、店で実物を見て、購入することもできるのだ。

　掲載しているのは、たとえば、華麗な彫金が施された20年代の金張りフレーム、セルロイドの艶が美しい40年代のフレンチヴィンテージ、［ARNEL］や［Wayfarer］といった50年代のマスターピース、Christian Dior や pierre cardin などの60-70年代デザイナーズブランド……。今見ても色褪せないスタンダードもあれば、ジュエリーのような装飾品もある。ひとつだけ言えるのは、すべてのフレームは一点物でオーラがあり、それらが四半世紀から1世紀も前に作られたという歴史的な事実が、胸を熱くさせるということだ。

　それなりに品質の良い眼鏡を気軽に買える時代に、ヴィンテージ・アイウェアを選ぶということは、自分だけの"特別"を見つける贅沢な愉しみである。本書をきっかけに、奥深いヴィンテージの世界に足を踏み入れて欲しい。

3

Contents
目次

○ 本書の見方

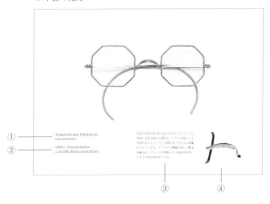

① ブランド名
［モデル名］

② 年代 | ブランドの国名
フレームの素材

③ 解説

④ ディテール拡大

5

○ 本書で紹介している情報は2021年2月時点のものです。ご協力いただいた専門店への取材と、過去の資料をもとに掲載していますが、年代や内容に若干の相違があることをご了承ください。

History

眼鏡の歴史

　視力補正の道具から始まった眼鏡は、自身を演出する装飾品やファッションアクセサリーへと進化し、今ではヴィンテージを楽しむ文化が生まれている。まずは眼鏡が現在の形になるまでの歴史をお伝えしよう。

　意外なことに、眼鏡よりもサングラスの方が先に誕生している。先史時代（紀元前3千年以前）、雪が照り返す強い日差しに目がくらんだエスキモーは、動物の骨片に切り込みを入れて目に掛けた。道具であり装飾品でもあったこの新しい装置は、眩しい光をさえぎり、エスキモーはより快適な視野を手に入れた。世界初となるサングラスの誕生である。

　一方、眼鏡の歴史はレンズから始まる。古代の生活で人間はレンズを磨くことを知ったが、それは熱や火を起こすために日光を集める目的で使われていた。視力を補正するためにレンズが登場するのは、紀元前1世紀のこと。古代ローマの詩人であり哲学者であるセネカが、水を満たしたガラス球を通して光を増大させて書物を読んだと記されている。ほぼ同時期に、ローマ帝国の暴君として知られた皇帝ネロが、エメラルドを通して剣闘士の試合を観戦したと記録されているが、こちらは眩しさから目を保護するサングラス的な役割だったようだ。

　13世紀後半になり、ようやく「視力補正のための眼鏡」が誕生する。眼鏡の誕生秘話は諸説あるが、1268年から1289年の間にガラス産業がさかんであったイタリアのフィレンツェかベニスで生まれたとされている。世界で最初の眼鏡にテンプル（ツル）はなく、2枚のレンズに柄のついた木製の枠をはめ込み、リベットで接続したもの。この「リベット眼鏡」は、鼻の上に載せることは難しく、手に持って使用するものであった。このように13世紀に眼鏡は誕生したが、実用的に装着できるものが登場するのは、なんと約450年も後となる。

　1727年から1730年頃に、ロンドンの眼鏡商エドワード・スカーレットがテンプル付きの眼鏡を開発する。この眼鏡はおそらくスチール製で、テンプルの先には頭に押し付けて眼鏡を固

定する大きな輪が付いていた。フランス女王の眼鏡師であったトーマン氏は1746年に「楽に呼吸ができるツル付き眼鏡」と記しているが、それほど画期的な発明だったのだ。ほかにもブリッジで鼻を挟んで支える「フィンチ」や、貴婦人たちがオペラ鑑賞などで愛用した長柄手持ち式の「ローネット」、紳士が好んだ眼孔にはめみ込む「片眼鏡」など、さまざまな眼鏡も登場したが、いずれも社交界の装飾用であり、富の象徴という要素が大きかった。

実用性の高いテンプル付き眼鏡は、18世紀から19世紀にかけて金属やべっ甲、角などで製造されたが、すべて職人による手作りでひとつずつしか作ることができなかった。近代化が進み、眼鏡の需要が高まるなかで、製造方法を変える必要が生まれてきたのだ。

その先手を切った国はヨーロッパではなくアメリカであった。1833年に創業したAmerican Opticalは、現存する世界最古の眼鏡メーカーであり、今の眼鏡史に残るエポックな構造やデザインを生み出し、生産体制を整えて一般市民に眼鏡を普及する大きな役割を果たす。たとえば、1843年にアメリカ初のスチール製眼鏡を製造、1874年には世界初の縁なし眼鏡を発明、1885年には耳の後ろで湾曲するケーブルテンプルを考案した。眼鏡の基本となる形が定まり始め、多様なアイウェアスタイルが生まれる1920年代を迎えるのだ。

1830年代に製造されたアンティーク眼鏡。テンプルが収縮するスライド式になっている。

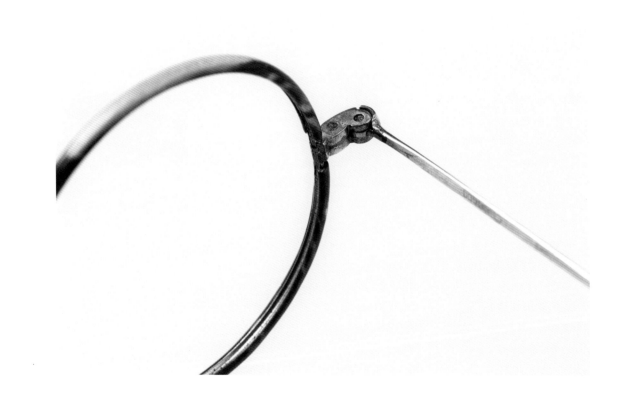

Parts & Features

部位・特徴

1   4   3

2

5

6

1.【リム】レンズを固定する枠のこと。

2.【蝶番】フロントとテンプルをつなぐ「ちょうつがい」。

3.【テンプル】耳にかかるツル部分の名称。

4.【ブリッジ】左右のレンズ間の橋渡しをする部分。

5.【ノーズパッド】眼鏡がズレないように鼻を両脇から固定するパーツ。

6.【フロント】フレームの前面部の総称。

まずは基本的なフレームのパーツ名と細部の見どころを紹介しよう。
見るべきポイントを知れば、奥深いヴィンテージ眼鏡の世界が開けてくる。

ブリッジ・ノーズパッド

上：ノーズパッドのないサドルブリッジは日本では「一山式」と呼び、1920年代頃までに多く見られた。中：今も用いられるクリングス（金具）付きパッド。下：プラスチックフレームのパッドは同系色の生地を使用。

蝶番

上：プラスチックフレームの上から蝶番をカシメる製法は、1940年代のフレンチヴィンテージに多く見られる。中：太いテンプルに合わせた堅牢な7枚蝶番。下：ダルマのように丸みをもたせたダルマ型ヒンジ。

テンプル

上：現在では希少なケーブルテンプルは1885年に乗馬用に誕生した。中：芯なしでも強度を保つセルロイド製ファットテンプルは、40年代のフレンチに多く見られる。下：職人が手掛けた複雑な彫金も味わい深い。

リベット飾り

上・中：1950-1960年代のアメリカンヴィンテージの醍醐味といえば、ダイヤ型やクロス型などの立体的なリベット飾り。下：フロントから3点のピンでカシメるタイプは、フレンチヴィンテージの伝統的な技法だ。

Frame Type

フレームの種類

Round ラウンド

眼鏡の原型となった丸いレンズシェイプ。昔は丸いレンズをそのまま枠にはめて使用していた。デザインがシンプルで存在感が強く、掛けるとレトロな雰囲気になる。

Panto パントゥ

オニギリを逆さまにしたような、丸みを帯びた逆三角形。アメリカでは「P3」、日本では「ボストン」とも呼ばれる。王冠のように上部の角を立てたものを「クラウンパントゥ」と呼ぶ。

Square スクエア

四角いレンズシェイプのこと。日本では天地幅の広い逆台形を「ウェリントン」と呼び、クラシックフレームの定番に。天地幅の浅いものは掛けるとシャープな印象を与える。

Teardrop ディアドロップ

しずく形の少し垂れ目なレンズシェイプ。パイロットが酸素マスクをする際に邪魔にならない形として1930年代に誕生した。「アビエーター」や「ナス型」とも呼ばれる。

ヴィンテージ眼鏡に登場するベーシックな8つのフレームの種類がこちら。
さまざまなレンズシェイプが生まれた時代や背景を知っておこう。

Cat Eye キャットアイ

狐の目のようにフロントの両端がつり上がったタイプで、フォックスとも呼ばれる。1950年代にマリリン・モンローが映画で着用したことで世界的なブームとなる。

Oval オーバル

横長の楕円形というポピュラーな形。流麗なラインが特徴で、掛けると優しい雰囲気に。1990年代に小ぶりのフレームがトレンドになった際に、多くのバリエーションが登場した。

Sirmont サーモント

メタルブリッジで左右のプラスチックブロウの分断したもの。1950年代にアメリカのモント将校が"威厳の出る眼鏡"をオーダーしたことに由来して、"サー・モント"の名称に。

Polygon 多角形

多角形は1920年代のヴィンテージ初期から見られる定番の形。オクタゴン（6角形）やヘキサゴン（8角形）などさまざまあり、掛けると知的な雰囲気を醸し出す。

Material

素材の種類

Celluloid
セルロイド

セルロース（硝化綿）と樟脳を合成した世界初のプラスチック。発色が良くて頑丈で自由な柄が作れるが、発火しやすく取り扱いが難しい。現在はあまり使用されていない。

Zyl
ザイル

ザイルorザイロナイトは、プラスチックという言葉が浸透する以前の50年代頃まで限定的に使用された表現。硝化綿が原料で、米国ではプラスチック全般をザイルと呼ぶこともある。

Acetate
アセテート

硝化綿と酢酸の化合物が原料で、今のプラスチックフレームの主流となる素材。美しい光沢や透明感のある色みが持ち味で、熱で変形するため、テンプルなどの調整がしやすい。

Optyl
オプチル

1964年にオーストリアの科学者ウィルヘルム・アンガー氏が開発。エポキシ樹脂を原料とし、美しい色やツヤが持ち味だ。軽量で複雑な形を表現でき、経年変化しにくい。

眼鏡の素材は「プラスチックとメタル」に大別される。
ヴィンテージの場合、現在は使用されていない希少なマテリアルも存在する。

Gold-Filled
金張り

芯材に金のプレートを張ったもの。英語ではGold Filled（GF）で、「1/10 12KGF」は10分の1の厚さで12金を張ったという意味になる。薄い金膜を付着させた金メッキとは異なる。

Aluminum
アルミニウム

1円玉や飲料水の缶などに使用される、軽くて錆びにくく、腐食しにくい金属。メタリックな質感で近未来的な雰囲気があり、50-60年代には眼鏡の新素材として注目された。

Solid Gold
金無垢

純金のこと。本来は混じりけのない24金を示すが、強度を高めるために一定の金属を混ぜた18金や14金も金無垢とも称することも。金無垢の眼鏡はバブル期の日本で多く流通した。

Nickel Alloy
ニッケル合金

ニッケルに銅やクロムなど、別の金属を合わせた合金のこと。優れた耐食性、耐熱性をもち、加工がしやすいため、昔からメタルフレームの素材として幅広く使用されてきた。

1 920年代初頭、眼鏡にはまだ鼻当ては存在しておらず、鼻の形に沿わせたサドルブリッジを顔に載せて、耳の後ろまで回り込むケーブルテンプルを引っ掛けて使用していた。レンズシェイプは丸が中心で、テンプルはフロントの中央からつながる「サイドマウント」というスタイルだ。そんななか、1923年にアメリカのAmerican Optical社がノーズパッドを開発すると、ブリッジは鼻あての機能から解放され、より自由なデザインが生まれていく。また、当時は第一次世界大戦の影響で、ジュエリーの需要と生産が激減した頃でもあった。職を失ったジュエリー職人たちは眼鏡業界に参入し、こぞって装飾的な彫金をフレームに施すようになる。フレームの素材としては、地金の上に分厚い金のシートを巻いた金張りが多く用いられた。この頃はアメリカの輸出振興策として金製品に対する税制上の優遇措置が講じられていたが、そんな時勢も相まって、芸術的な彫金を施した金張りフレームが、アメリカからヨーロッパの市場をも席巻していく。

同時期に黄金期を迎えつつあったのがハリウッドの映画産業だ。喜劇俳優のハロルド・ロイドはプラスチック製の丸眼鏡を掛けて数多くのスクリーンに登場した。スーツをまとった敏腕家の「グラス・キャラクター」が人気を博し、丸眼鏡が「ロイド眼鏡」と呼ばれるほど一世を風靡する。日本でも丸眼鏡ブームが到来するほどの影響力があり、これが映画産業で商業的に使われた最初の眼鏡となる。

1920's

金張りフレームと「ロイド眼鏡」

American Optical

1920's United States
1/10 10K White Gold Filled

ノーズパッドのないサドルブリッジに正円に近いラウンドシェイプ、耳の後ろにくるりと回り込むケーブルテンプルという20年代を代表するデザイン。メタルのリムは断面が山型になっており、表面と裏面には繊細な幾何学模様の彫金が施されている。

Unknown

1920's France
14K Gold Filled Zyl

14金張りのフレームにクリアイエローのリムを合わせたラウンドシェイプ。ザイル素材のリムは芯がなくても強度が保たれており、素材の透明感がより際立っている。メタルパーツでプラスチックリムを掴むような、現在では珍しい製法で作られている。

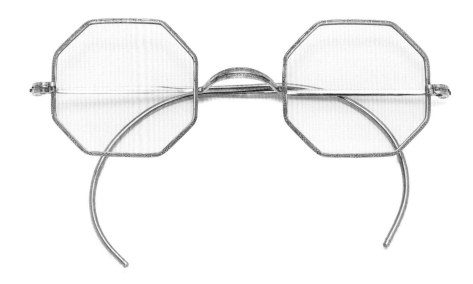

American Optical
[MADISON]

1920's United States
1/10 10K White Gold Filled

1920-30年代に多く見られるオクタゴン（八角形）は長方形が主流だが、こちらは珍しい正方形に近いシェイプ。山型になったリムの表裏やブリッジには、アールデコ模様の美しい彫金が施され、ブリッジの背面には［MADISON］とモデル名が刻まれている。

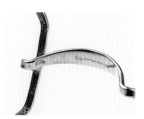

Unknown

1920's France
Gold Filled Celluloid

レトロな真円のラウンドシェイプは、金張りの
メタルリムにべっ甲柄の薄いセルロイドを巻き
つけた「セル巻き」タイプ。ノーズパッドがな
いサドルブリッジは、鼻に当たる部分にセルが
貼られた珍しい仕様で、掛け心地も配慮されて
いる。

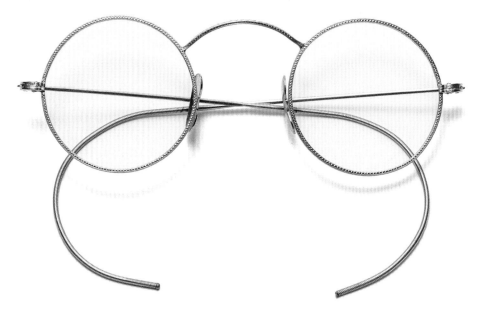

Unknown

1920's United States
1/10 12K White Gold Filled
10K Solid Gold

フロントの真横からテンプルがつながる「サイ
ドマウント」スタイルのラウンドシェイプ。12
金張りのフレームはリムの表面と裏面に幾何学
模様、上面にはリーフのような彫金が刻まれた
ゴージャスな仕様だ。ノーズパッドは1923年
に誕生したが、こちらのパッドは金無垢。

Unknown

1920's United States
Zyl

べっ甲柄のプラスチックリムに、重厚なデザイ
ンのメタルブリッジを合わせたコンビネーショ
ンタイプ。丸く立体的な彫金の入ったメタルパー
ツでリムを挟み込む、独特な製法で作られて
おり、テンプルは横に寝かせた平らな形状を採
用するなど、工夫が凝らされた1本だ。

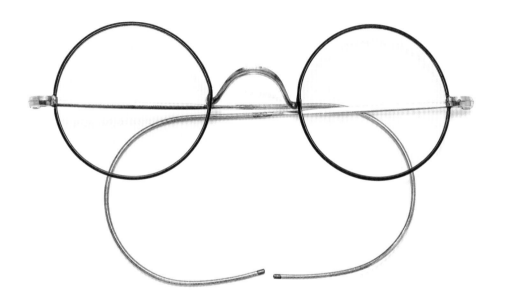

Unknown

1920's France
Gold Filled

ダークブラウンのリムが特徴的なラウンドシェ
イプは、一見するとプラスチックを巻いた「セ
ル巻き」に見えるが、実はメタルに七宝焼きを
施した珍しい仕様。前にせり出したブリッジは、
内側が窪んだ流麗なフォルムになっており、当
時の加工技術の高さが窺える。

American Optical
[CORTLAND]

1920's United States
1/10 12K White Gold Filled
10K Solid Gold

20-30年代頃のAmerican Optical社のフレームは、ブリッジのデザインでモデル名が決まっていた。丸みを帯びたコの字型ブリッジの[CORTLAND]は代表モデルで、時代によって素材違いや玉型違いが数多く存在する。フレームは金張りでノーズパッドは金無垢。

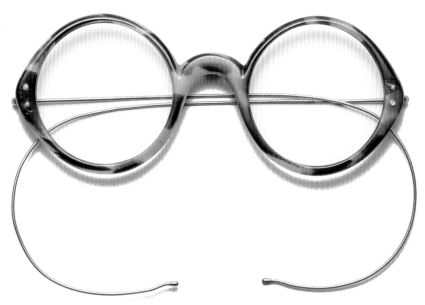

Unknown

1920's United Kingdom
Tortoise Shell Gold Filled

温かみを感じさせる本べっ甲のフロントに、極
めて細い金張りのケーブルテンプルを組み合わ
せた、イギリス製のヴィンテージフレーム。レ
ンズはラウンドシェイプだが、フロントは丸み
を帯びたひし形になっており、この小さな変化
がデザインのアクセントになっている。

SAKURA OPTICAL

1920's Japan
Celluloid Chrome Plating

大正時代に東京で作られた「セル巻き」のラウンドシェイプ。黒色の薄いセルロイドがメタルリムだけでなく、サドルブリッジにも巻きつけられており、ケーブルテンプルは黒のメッキ処理を施している。シックな質感によりモノトーンでシンプルなデザインが引き立つ。

Unknown

1920's France
Tortoise Shell

深みのあるダークブラウンの本べっ甲を使用し
たシンプルな丸眼鏡は、細くて長いストレート
テンプルが目を引く。蝶番は座掘りをして埋め
込むのではなく、生地の上に設置してカシメる
という、べっ甲眼鏡ならではの製法が用いられ
ている。

BECK
[ROCKGLAS]

1920's United States
Steel

20年代に普及し始めた自動車用のサングラス。アメリカ空軍や陸軍で使用された［ROCK GLAS］は、顔に沿うようにブリッジ部分が可動式だ。しずく型のシェイプは、かつて日本では「オート型」と呼ばれたが、語源はこのオートモービル用サングラスと考えられる。

BAY STATE OPTICAL
[PRINCETON]

1920's United States
Zyl

20年代を代表する喜劇役者ハロルド・ロイドのトレードマークであった「ロイド眼鏡（丸眼鏡）」と同時期、プラスチックフレーム最初期の丸眼鏡。べっ甲を模した透明感の高いザイルを使用しており、流麗なフォルムはインジェクション（射出成形）で製造されたと考えられる。

American Optical

<u>1920's</u> <u>United States</u>
<u>White Gold Filled</u>

小ぶりなオクタゴンシェイプ。リムやブリッジ
には、熟練の職人が手がけた、小さな丸い粒
を打刻した「ミル打ち」の彫金が刻まれている。
テンプルエンドは細いメタルを折り曲げた中空
のデザインで、眼鏡のズレ落ちを防止しつつ、
軽量化の役割も果たしている。

Unknown

1920's France
14K Gold Filled

フランスで製造された縁なしのラウンドシェイプ。20年代のテンプル付き眼鏡は、ノーズパッドのないサドルブリッジが大半だが、こちらはフィンチ眼鏡に用いられる鍵穴のような形状のブリッジを採用している。薄いノーズパッドも備えた稀有なデザインだ。

Unknown

1920's United States
1/10 12K White Gold Filled
10K Solid Gold

エッジを立てた多角形のブリッジが斬新なオク
タゴンシェイプ。12金張りのフレームは、リ
ムの前、後ろ、上の三面に彫金が入った贅沢な
仕上がりだ。職人による手仕事で刻まれた複雑
な彫金は、現代の技術では再現し難い独特の味
わい深さがある。

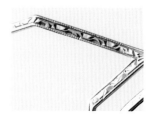

Chapter. 2

眼鏡の構造に大きな進化があったのが1930年代だ。それまでの眼鏡はレンズの真横にテンプルの付け根があったが、1930年にテンプルの位置を上方へ押し上げた「FUL-VUE」をAmerican Optical社が開発して特許を取得する。これによりテンプルが視界を遮ることがなく、広い視界を実現。同時にレンズが顔の側に傾くように傾斜角をつけることができ、より快適な視野が手に入るうえ、顔の輪郭にもフィットした。テンプルの位置が上がってフロント上部が横にせり出たことで、パントゥのレンズシェイプが生まれたと言われる。縁なし眼鏡にも進化があった。むき出しのレンズを保護しながら固定するために、American Opticalはガラスレンズの側面に板バネを重ねて1点で留めた「Numont」を開発。その後に登場した「RIMWAY」は、レンズを2箇所で留めてメタルのリムをはわせることで、レンズの軸ズレや破損を防ぐことに成功する。

また、30年代までのサングラスはモーターサイクル用や工業安全用のゴーグルタイプが主流であったが、世界大戦の本格化に伴いパイロットグラスの開発が進んだ。Bausch & Lomb社はアメリカ陸軍航空隊の依頼により、ティアドロップタイプの「アビエーター」を開発し、1937年にRay-Banが誕生する。ヨーロッパではイタリア空軍にゴーグルを納入していた「RATTI」社が、1938年にPersolを創業する。このように30年代は機能性や耐久性を重視した眼鏡にシフトチェンジした時代である。

1930's

「FUL-VUE」からの進化

American Optical
[FUL-VUE]

1930's United States
1/10 12K Gold Filled Bakelite

フロント上部からテンプルがつながる［FUL-VUE］スタイルは、アメリカで自動車が普及し始めた1930年に、広い視野を確保するために誕生した。American Optical社はこの構造に特許を取得し、他のブランドはライセンス料を払って［FUL-VUE］を採用した。

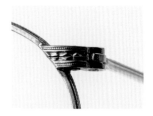

SHURON
[Numont]

<u>1930's United States</u>
<u>1/10 12K Gold Filled</u>

縁なしフレームをレンズ1点で留め、レンズ側
面に設けた3枚の板バネによって負荷を吸収
し、メタルのリムを這わせた［Numont］。「New
Mounting＝新しいレンズの取り付け法」を略し
たもので、この構造によってリムレスにおける
ガラスレンズの破損が激減した。

Bausch&Lomb
[Numont]

1930's United States
1/10 12K Gold Filled Bakelite

Bausch&Lomb 社が製造したバーブリッジでつ
ないだリムレスフレーム。レンズ1点留めの
「Numont」スタイルを採用しているが、もともと
この構造は American Optical が発案したものだ。
だが、商標登録を取らなかったため、多くのブ
ランドが同じ構造と名でフレームを発売した。

G&W OPTICAL
[RIMWAY FUL-VUE]

1930's United States
1/10 12K White Gold Filled
Bakelite

縁なしフレームのレンズ左右を2点で固定
し、レンズ上部にメタルバーを沿わせた「RIM
WAY」は、現在のアイウェアでも多く取り入れ
られている普遍的なスタイルだ。2点で固定す
るためレンズへの負荷が少なく、メタルバーが
デザインのアクセントにもなっている。

American Optical
[FUL-VUE SAFETY SPECTACLE]

1930's United States
Stainless Steel

ケーブルテンプルを備えた「FUL-VUE」スタイルは、実は作業現場で目を保護するために作られたセーフティーグラス（保護眼鏡）。頑丈で太いステンレスをフレームに採用しており、リムに彫金がないのは装飾ではなく機能を重視したフレームだから。

Unknown

1930's France
Nickel Alloy Celluloid
Bakelite

30年代にアメリカで大流行した「FUL-VUE」
は、フランスでも取り入れられていた。べっ甲
柄のセルロイドを巻いた「セル巻き」のパント
ゥは、ブリッジがフラットではなくエッジを立
てているのが特徴だ。アメリカとは微妙に異な
るフランス解釈の「FUL-VUE」が興味深い。

Unknown

1930's France
Nickel Alloy Celluloid
Bakelite

「FUL-VUE」スタイルを取り入れた「セル巻き」
は、一見するとラウンドに見えるが、実はラウ
ンドに近いエッグシェイプになっている点に、
フランスのエスプリを感じさせる。ノーズパッ
ドの素材には、1909年に誕生したフェノール
樹脂のベークライトを使用した。

Unknown

1930's France
Plastic

射出成形で製造された、フランスのプラスチック製眼鏡における最初期のフレーム。ぼってりと丸いレンズシェイプに猫の耳のようなフォルムがユニークだ。太めのファットテンプルは芯が入っていないのが特徴で、堅牢な5枚蝶番を採用している。

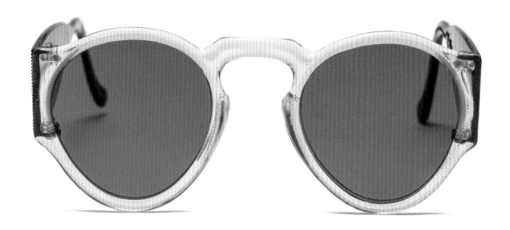

OPTIKS

1930's United States
Plastic

こちらはアメリカで製造された射出成形のプラ
スチックフレーム。逆オニギリ型のパントゥシ
ェイプはクリアイエローのフロントにクリアブ
ラウンの極太テンプルを合わせており、それぞ
れ縁取るようにドット模様があしらわれている。
シンプルながらも装飾性の高い1本だ。

Unknown

1930's United Kingdom
Plastic

ハンドメイドの削り出しで製造したべっ甲柄の
プラスチックフレーム。幅広のテンプルには
芯がなく、頑丈な5枚蝶番を採用した。フロン
トは2ピン、テンプルは3ピンでカシメており、
ぷっくりと丸い音符のようなテンプルエンドは、
30年代のイギリスものに多く見られた意匠だ。

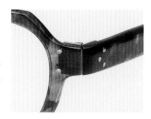

American Optical

[Spectacle Goggle]

1930's United States
Stainless Steel

分厚いフラットなガラスレンズを備えたモーターサイクル用ゴーグル。フロントは強靭なステンレス製で、サイドには防風・防塵用のレザー風防を備えている。ケーブルテンプルには衝撃などでズレ落ちにくいように、透明のカバーが巻きつけられている。

RATTI OPTICAL INDUSTRIES SOCIETY
[PROTECTOR]

1930's Italy
Resin

1938年に創業するイタリアのサングラスブランド Persol の前身となる「RATTI」社が製造した、サイドガード付きのゴーグルサングラス。軽量な樹脂素材を採用し、ハイカーブのフレームは着用すると風防がしっかりと顔に沿い、風や埃をガードする。

Chapter. 3

第二次世界大戦後、サングラスは一気に大衆へと広まった。アメリカ軍が採用したティアドロップの「アビエーター」は、掛けるとクールな印象に見えるだけでなく、軍務という神聖な業務も関連して国民的な人気に。当時、パイロットは現代版の鎧をまとった騎士であり、「アビエーター」を着用することは、ヒロイズム（英雄主義）を感じさせたのだ。ダグラス・マッカーサー将軍なども着用して、世界中にその人気が広がり、多彩なバリエーションが大量に製造された。そうしてティアドロップの形はサングラスの元祖として今日まで続くことになる。

いっぽうで戦時中は物資不足を補うため、金の使用が制限され、金張りフレームの製造は減少。各国では代替品と

してプラスチックの開発が進んだ。戦後には、物性が安定して着色が容易なセルロイドなどを使った眼鏡を量産できるようになり、眼鏡の素材は次第にメタルからプラスチックへと移行していく。同時期、装飾用の櫛は衰退し始めていたが、すでに櫛業者は素材をべっ甲や角からセルロイドに切り替えていたため、腕の良い職人たちはその才能をアイウェアに向けるようになっていく。そして、マサチューセッツ州のレオミンスターや、伝統的技術を持つフランスのジュラ地方などで、セルロイド製アイウェアの製造が活発化していく。特に40年代におけるフランスのセルロイドは品質が高く、この時代に独特の光沢を放つ美しいフレームが数多く作られたのだ。

1940's

パイロットグラスとセルロイド

Unknown
[The rock]

1940's France
Celluloid

フレンチヴィンテージの黄金期と言える40年代。当時のセルロイド生地は、濡れたように艶やかで妖艶な質感をもち、多面的なカットを施すことでえもいわれぬ独創的なレンズシェイプを生み出した。テンプルも顔に馴染むように立体的にカットされている。

Unknown
[Marcel]

1940's France
Celluloid

セルロイド生地の面を生かした、「マスク」のようなオーバーサイズのスクエアシェイプ。フロントはフランスの伝統的な製法の3点ピンでカシメており、堅牢なセルロイドの特徴を生かして、芯がなくても強度が保てるストレートテンプルになっている。

Unknown
[Rubik]

1940's France
Celluloid

上部のリムは角を立て、下部のリムは丸みを強
調。直線と曲線が同居する絶妙なバランスが面
白く、飴細工のように美しいハニーアンバーの
セルロイド生地によく映える。蝶番はべっ甲眼
鏡の製法と同じく、フレームを座掘りせずに生
地の上からカシメている。

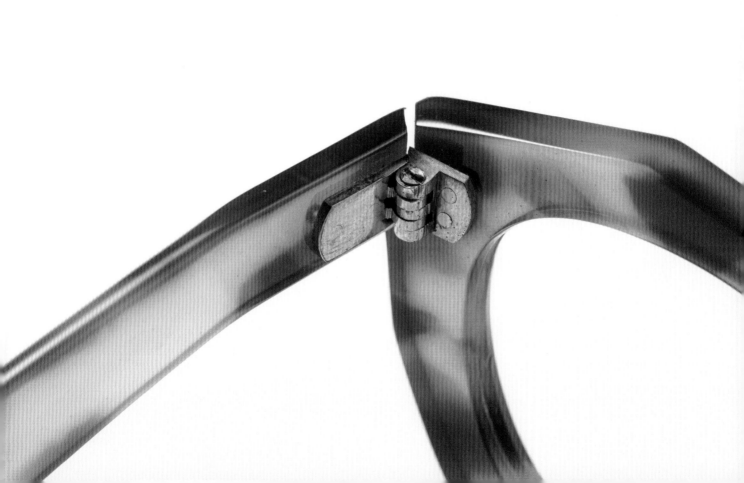

Unknown
[Night ranger]

1940's France
Celluloid

ストレートのブロウラインからストンとブリッジで落ちる前衛的なデザイン。フロントは極端に角を立てながらも、極太のファットテンプルには滑らかなカッティングというコントラストが面白い。大量生産では表現できない力強いフォルムだ。

Unknown
[bowser]

1940's France
Celluloid

山のように極端につり上がった強面のフロント
に、透明度が高くて柔らかな印象のハニートー
トイズのセルロイドという不思議な組み合わせ。
ノーズパッドは薄く削った同系色の生地で仕立
てており、芯なしのファットテンプルは肌馴染
みが良い。

Unknown

1940's France
Celluloid

現在のフレンチヴィンテージブームの火付け役
となった、王冠のように上部の角がはった「ク
ラウンパントゥ」。ボリューム感のある厚さ8
㎜のセルロイド、エッジのきいたカッティン
グ、3ピンカシメ、芯なしのファットテンプル
と象徴的なディテールが盛り込まれている。

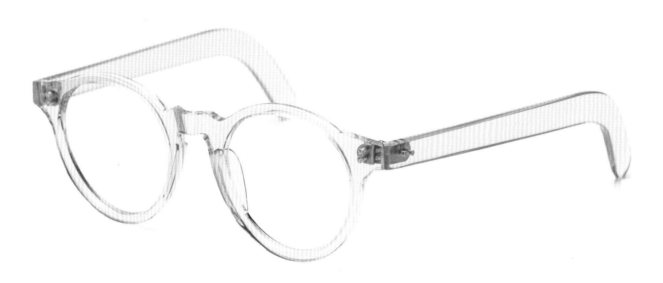

Unknown

1940's France
Celluloid

ローズカラーのクリア系生地を採用した王道の
パントゥ。40年代のフレンチヴィンテージの
なかでは、リムはやや細めの設計だが、立体的
なブリッジで程よく個性的な仕上がりに。幅広
で芯なしのセルロイドテンプルは、透明感が高
く、着用した際はスッキリと見える。

American Optical

1940's United States
Zyl

第二次世界大戦後に製造が増加したザイル素材のアイウェア。2枚の異なる生地を貼り合わせたツートーンのスクエアシェイプは、煌びやかなパール調でラグジュアリーな雰囲気だ。フロントとブリッジを段落ちさせるなど、ディテールが凝っている。

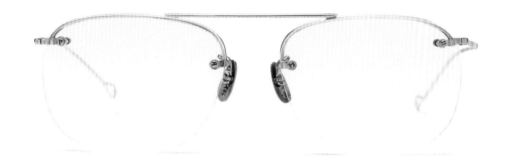

Bausch&Lomb
[Aristocrat]

1940's-1950's United States
1/10 12K Gold Filled

40年代半ば頃から一文字のブリッジを高い位置に設置した「バーブリッジ」が増え始める。それ以前に主流であったノーズパッドがないサドルブリッジとは一線を画した力強いデザインで、丸みを帯びたリムレスのスクエアシェイプにマッチしている。

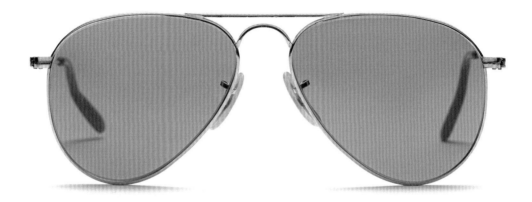

SHURON
[FUL-VUE]

1940's United States
1/10 12K Gold Filled

1865年創業の老舗アメリカブランドSHURON
が手掛けたパイロットサングラス。広い視野を
確保できるしずく型のレンズシェイプにダブル
ブリッジを合わせたティアドロップは、現在も
人気があるサングラスの王道デザイン。ブリッ
ジの裏には「FUL-VUE」の刻印が刻まれている。

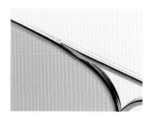

American Optical
[Pilot Glasses]

<u>1940's United States</u>
<u>1/10 12K Gold Filled</u>

40年代、American Optical 社は米空軍の指定納入業者のひとつとして、ジェット戦闘機のパイロット用グラスを納入していた。ヘルメットを着用したまま脱着できるストレートテンプルや、堅牢な太いダブルブリッジなど、すべて米空軍指定の仕様になっている。

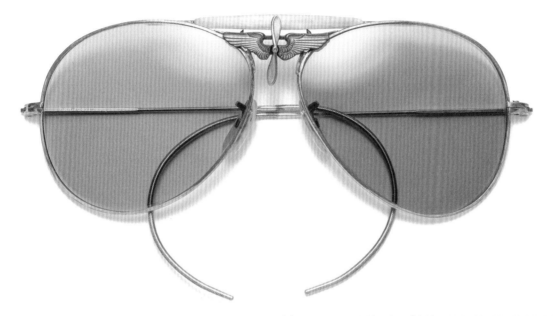

ART CRAFT
[WW.II BALD-EAGLE
US AIR FORCE AVIATOR]

1940's United States
1/10 12K Gold Filled

フレーム中央にはアメリカの国鳥である「白頭鷲」のウイングとプロペラが。実はこのデザインはアメリカ空軍のシンボルマークで、こちらは第二次世界大戦時、上位階級の士官に向けて支給されたサングラスだと思われる。時代のムードを感じさせる力強いティアドロップだ。

American Optical
[FUL-VUE SHOOTER]

1940's United States
1/10 12K Gold Filled
Bakelite

汗の流れをおさえるブロウバーや、極端に狭い
ブリッジが特徴のシューティング用にデザイン
されたサングラス。「CALOBAR」というAmerican
Optical独自のグリーンのレンズカラーを採用
し、ブロウバーやケーブルタイプのテンプルは
ベークライトを使用している。

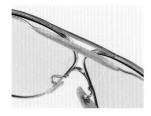

FLIGHT

1940's United States
Gold Plated

下に向かってカーブする汗止めのブロウバーと、極端につり上がったレンズシェイプが目を引くパイロット用サングラス。VISION PRODUCTS社というメーカーが製造したもので、メタルブリッジの上部には「FLIGHT」の刻印が施されている。

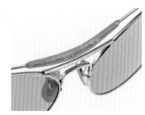

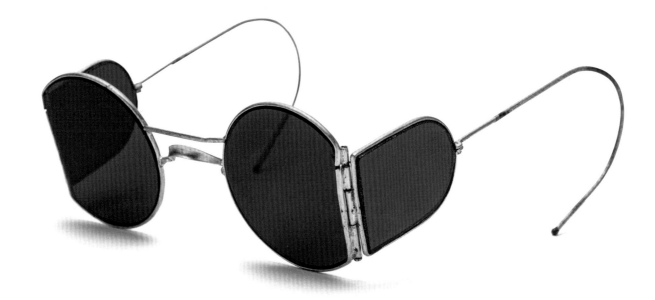

Unknown

1940's Soviet Union
Stainless Steel

第二次世界大戦時に、ソビエト連邦陸軍のオートバイ部隊や山岳隊で使用されていたと思われるサングラス。風や粉塵をガードするためにサイドにもレンズが備わっており、テンプルが180度開いてフラットになるという特殊な構造になっている。

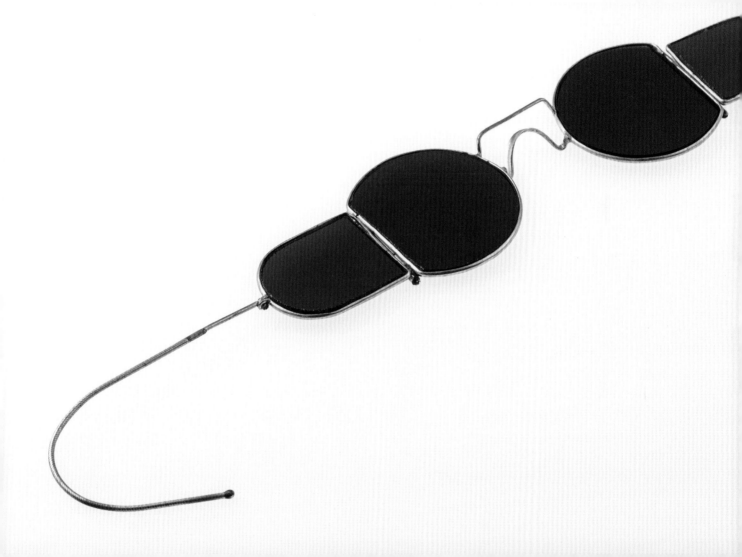

Chapter. 4

ア メリカンヴィンテージの黄金時代といえば1950年代である。この時代、プラスチックの加工技術が飛躍的に向上し、多彩なデザインや色が可能となり、数多くの伝説的モデルが生まれた。代表格はTART OPTICALの[ARNEL]だ。正方形に近いスクエアシェイプにダイヤ型の飾りリベットを施した無骨なデザインは、ジェームス・ディーンが愛用し、後に彼を真似てジョニー・デップが着用した逸話はあまりに有名である。1953年にはサングラス史上に残る傑作、Ray-Banの[Wayfarer]が誕生する。シャープなスクエアのサングラスは、半世紀以上が経った今も現役だ。それに似た形でAmerican Opticalがリリースした[SARATOGA]は、ジョン・F・ケネディが愛用したことで知られる。50年代は飾りリベットを施したスクエアシェイプが数多く登場し、東海岸のジャズマンから、西海岸のハリウッドスターまで、誰もが夢中になった。

50年代を代表するブロウタイプのサーモントもアメリカで爆発的な人気に。ルーツは40年代後半にSHURONのフレームエンジニアであったジャック・ロアバックが、金が高騰した時代に金の使用を50％減らす手法としてプラスチックブロウを採用したことにある。また、1953年の映画『百万長者と結婚する方法』でマリリン・モンローが、サイドがつり上がったキャットアイシェイプを掛け、この形が女性の間でブームとなる。50年代はヴィンテージフレームの定番デザインが確立された時代でもある。

1950's

アメリカンヴィンテージ黄金時代

TART OPTICAL
[ARNEL]

1950's United States
Zyl

ジョニー・デップが愛用し、ヴィンテージ眼鏡
ブームの火付け役となったTART OPTICALの
［ARNEL］。縦横比が1対1に近いスクエアシ
ェイプに、ダイヤ型の飾りリベット、堅牢な7
枚蝶番が特徴だ。テンプルの合口にズレがある
など、ラフな仕上がりが逆に味わい深い。

TART OPTICAL
［BRYAN］

1950's United States
Zyl

TART OPTICALの［BRYAN］はウディ・ア
レンが愛用した人気モデルで、さまざまなリ
ベットのデザインが存在する。こちらはフロ
ントにはダイヤ型、テンプルはクラウン型の
異なる飾りリベットが施されたタイプで、太
めのテンプルには7枚蝶番を採用した。

Ray-Ban
[Wayfarer]

1950's United States
Zyl

1953年に誕生したRay-Banの伝説的サングラス［Wayfarer］のファーストモデル。サイドがつり上がった独特のスタイルで、スッと細いテンプルは初代の証だ。1961年に発売される第二世代から現在までの［Wayfarer］は耳元でカーブする太いテンプルになる。

American Optical
[SARATOGA]

1950's United States
Zyl

かつてジョン・F・ケネディが愛用した[SARATO
GA]は、アメリカを象徴するスタンダードな
デザインだ。50年代にしてはやや細みで、つ
り上がったスクエアシェイプにダイヤ型のリベ
ットが特徴で、フレームに刻印された「Calobar」
はレンズカラーのグリーンを指している。

Bausch&Lomb
[SAFETY]

1950's United States
Zyl

クロスの飾りリベットを施したクリアピンクの
スクエアシェイプは、カバー付きのケーブルテ
ンプルを組み合わせたセーフティグラスだ。薄
い透けたピンク色は当時「Flesh」と呼ばれ、顔
馴染みが良く、1950年代当時はアメリカでも
ヨーロッパでも隠れた人気であった。

0

Bausch&Lomb
[SAFETY]

1950's United States
Acetate

当時、ブルーカラーの労働者が風防付きの保護
眼鏡を使用していたことに対し、ホワイトカラ
ーのエリート層は自身の威厳を誇示するかのよ
うに飾りリベットの装飾を施した眼鏡を愛用し
た。これを皮肉もこめて「VIP Safety（VIP層の
セーフティグラス）」と呼んだ。

TITMUS

1950's United States
Acetate

こちらはブルーカラーの労働者が作業時に粉塵などから目を守るために装着していた、"本来のセーフティグラス"。眼鏡の隙間から粉塵や鉄粉などを入りにくくするためにメッシュの風防が装着されている。テンプルにはアメリカの安全基準をクリアした「Z87」の刻印が。

TART OPTICAL
[F.D.R]

1950's United States
Zyl

フランクリン・デラノ・ルーズベルト大統領の
イニシャルがモデル名の由来となった［F.D.R］。
フレームは太くストレートのラインが映える力
強いデザインで、フロントとテンプルには３点
リベットが。俳優のケーリー・グラントやジャ
ズマンのユセフ・ラティーフなどが愛用した。

Bausch&Lomb
[Signet]

1950's United States
1/10 12K Gold Filled

50年代のアメリカでは未来への期待をデザインに反映するかのように、「Speed Line」と呼ばれる線状のデザインが自動車や家電などに数多く採用された。これはアイウェアも同様で、フロントサイドからテンプルにかけて、疾走感のある力強いラインが施されている。

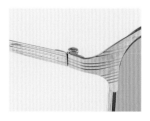

Ray-Ban

1950's United States
1/10 12K Gold Filled

Bausch＆Lomb 社が1937年にスタートさせた
Ray-Ban。その代表モデルが、しずく型の「ア
ビエーター」タイプのサングラスだ。テンプル
エンドは、40年代はベークライト製で、50年
代はクリアのプラスチックになっている。ブリ
ッジには「B&L RAY-BAN U.S.A.」の刻印が。

American Optical

1950's United States
Acetate 1/10 12K Gold Filled

メタルブリッジにプラスチックのブロウを合わせたサーモントは、マルコムXが愛用したことでも知られる50年代を代表するアメリカンスタイルだ。アローマークの飾りリベットと太さに強弱のあるテンプルは、実際にマルコムXが愛用していたものと同じデザイン。

Bausch&Lomb
[BAL RIM]

1950's United States
Zyl 1/10 12K Gold Filled

ブロウタイプのサーモントにケーブルテンプル
を組み合わせたコンビモデル。重厚で立体的な
リベット飾りやエッジの効いたカッティングが
特徴だ。[BAL-RIM]というモデル名はBausch
&Lombの頭文字に由来し、数種類のカラーや
テンプルのバリエーション違いが存在する。

STYL-RITE OPTICS
[DOBBS]

1950's United States
Zyl 1/10 12K Gold Filled

50年代アメリカ特有のカラーリングと言える、レッドウッドのザイル素材を採用したサーモント。丸みを帯びた柔らかなブロウラインやフロントが特徴で、12金張りゴールドのメタルブリッジやリムは気品があり、高級感を漂わせている。

American Optical
[SHOW TIME]

1950's United States
Zyl 1/10 12K Gold Filled

サイドがつり上がったキャットアイシェイプは、「女性を知的でセクシーに見せてくれる」と50年代に大流行した。［SHOW TIME］と名付けられたこのモデルは、華やかなブリッジの彫金や立体的なリベット、上品なパール調のブラウンなど、エレガントな仕上がり。

9
0

Unknown

1950's France
Celluloid

50年代にアメリカで人気を博したキャットア
イは、同時期にフランスでも取り入れられてい
た。厚さ8mmのボリューム感があるセルロイ
ドを使用し、フレンチヴィンテージでは珍しい
飾り鋲があしらわれている。ピンの頭を落とし
てフラットにした蝶番など、造りが丁寧だ。

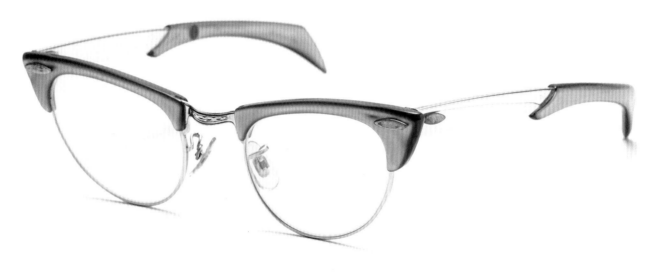

SHURON

1950's United States
1/10 12K Gold Filled
Aluminum Acetate

ブロウタイプのキャットアイシェイプ。ブロウ
バーにはアセテートを、テンプルには当時は新
素材であったアルミニウムを採用している。華
やかなパールブルーや光沢が美しいシルバー色
など、女性らしさを演出できる優雅でゴージャ
スなデザインだ。

Chapter. 5

ビートルズやミニスカートが大流行し、ヒッピーカルチャーが生まれ、アポロ11号が月面着陸に成功した1960年代。文化や価値観がドラスティックに変化したこの時期、アイウェアはファッションやアートの流行を貪欲に吸収して進化していった。顕著な例として、LANVIN、pierre cardin、courrèges、Christian Diorといったフランスのデザイナーズブランドの台頭が挙げられる。当時はファッションとしてのアイウェアがまだ定まっておらず、丸や四角の極端なシェイプや左右非対称のフォルム、華美な装飾など、デザイナーは自由な創造にチャレンジできた。また、60年代は米ソによる宇宙開発レースが過熱化した時代でもある。人々は宇宙に対して憧れを持ち、ス

ペースエイジの要素がプロダクトに取り入れられる。眼鏡の場合は、メタリカルな質感のアルミニウムが新素材として多く採用された。ポップアートの影響も見られた。アンディ・ウォーホルやロイ・リキテンスタインといったカラフルで明るい色合いも積極的にフレームに採用されている。

　また、1926年に創業したOLIVER GOLDSMITHは、保守的だったイギリスのアイウェアシーンに一石を投じた存在だ。60年代頃にはビッグシェイプのサングラスや、大胆なカッティングを施したフレームを数多く発表し、オードリー・ヘプバーンやマイケル・ケインといった時代のアイコンが愛用した。60年代はアイウェアのデザインが自由な発想で一気に花開き、洗練されていった時代である。

1960's

デザイナーズブランドの台頭

LANVIN
by PHILIPPE CHEVALLIER

1960's   France
Acetate

アイウェアデザイナーのフィリップ・シュヴァ
リエルが手がけたLANVINのサングラス。二
股に分かれたテンプルが先端でつながる斬新な
デザインで、曲智蝶番という180度開く特殊な
パーツを4つ使用した。顔を覆うようなビッグ
シェイプは60年代を象徴するシルエットだ。

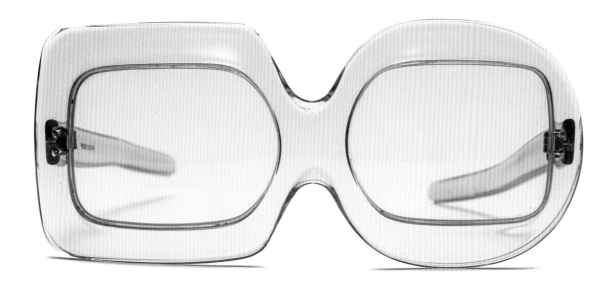

pierre cardin

1960's France
Plastic

「丸」と「四角」を組み合わせたアシンメトリーなサングラス。60年代における「スペースエイジへの憧れ」のムードを象徴するかのような、近未来感あふれるデザインだ。透明度の高いブルーのクリア生地を採用することで、より未来感が強調されている。

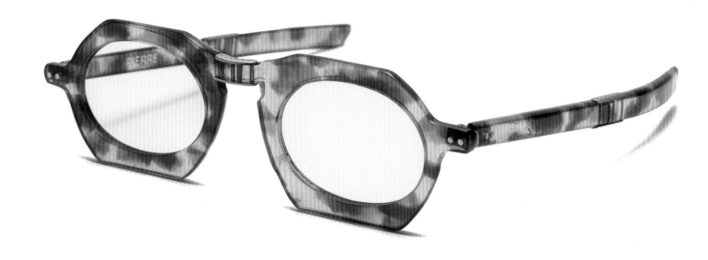

pierre cardin

<u>1960's France</u>
<u>Plastic</u>

pierre cardinの代表作であるフォールディン
グ・スタイル。フロントを内側に折り畳み、テ
ンプルから抱き込むように折り畳むとコンパク
トになる。オクタゴンのフロントにオーバルの
レンズを合わせており、透明感のあるハニー
トートイズの生地が高級感を醸し出す。

pierre cardin

1960's France
Plastic

大振りなラウンドのフロントにスクエアのレン
ズシェイプを組み合わせたフォールディング・
スタイル。折り曲げる時にツルが重ならないよ
う、フロントから上下にズラしてテンプルを設
置している。アシンメトリーなデザインになっ
ている点でもユニークさが増している。

Unknown

1960's France
Acetate

フランスの伝統的な眼鏡デザインの「クラウンパントゥ」のなかでも小ぶりなサイズで、正円に近いラウンドシェイプやエッジを立てたカッティングが独特だ。フレンチヴィンテージとしては細身にあたるテンプルは、メタルの芯を入れて強度を出している。

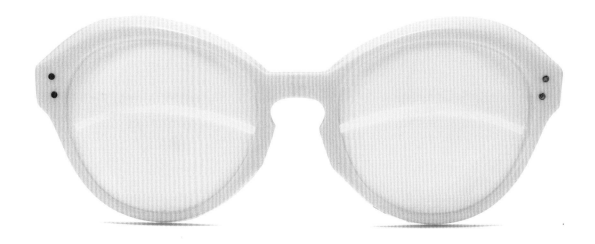

courrèges
[eskimo]

1960's France
Plastic

レンズの大半がフレームで覆われたデザインは、かつてエスキモーが雪の照り返しから身を守るために動物の骨に切り込みを入れて目にかけた"サングラスの元祖"をオマージュしたもの。60年代の『VOGUE』誌の表紙を飾ったアイコニックな1本だ。

OLIVER GOLDSMITH

1960's United Kingdom
Unknown

1926年に創業した英国ブランドOLIVER
GOLD SMITHが手掛けたスクエアシェイ
プ。フレームは黒檀のように重厚な質感でズシ
リと重く、ブロウラインのエッジの効いたカ
ッティングや極太のストレートテンプルが目
を引く。"ふくろう"のような佇まいが面白い。

Ray-Ban
[TAMARIN]

1960's United States
Acetate

ベーシックなデザインが主流の Ray-Ban だが、60年代後半にはこのような斬新なフレームを発表していた。ひし形を変形させたユニークなレンズシェイプに、オフホワイトとブルーのラインが層になった近未来的な意匠だ。モデル名の［TAMARIN］は中南米に棲息する猿のこと。

Ray-Ban
[CARAVAN]

1960's United States
1/10 12K Gold Filled

1957年に誕生した［CARAVAN］はスクエアシェイプ×ダブルブリッジのスタイルで、Ray-Banを代表する人気モデル。こちらは特殊なシルバーミラーレンズを搭載しており、レンズ下部だけクリアに抜けているのは、パイロットがコックピット内を見やすくするための工夫。

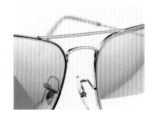

STYL-RITE OPTICS

1960's United States
Aluminum
1/40 10K Rolled Gold Plated

眼鏡フレームの新素材として60年代に大流行
したアルミニウム。軽さと錆びにくさが特徴で、
金張りよりもはるかに寿命が長い。50 年代に
人気を博したブロウタイプも、60年代になる
とアルミニウムを取り入れ、スペイシーなエッ
センスを加味した。

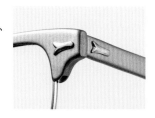

MARINE

1960's United States
Zyl Aluminum

50年代のアメリカでスタンダードだった正方形に近いスクエアシェイプに、当時の新素材であるアルミニウム製テンプルの組み合わせ。アルミ製テンプルは段落ちさせて装飾を施し、四角や台形の異なるリベット飾りを合わせるなど、ディテールが凝っている。

1
0
6

Bausch&Lomb

1960's United States
Zyl

ボリュームのあるスクエアシェイプは、中抜き
加工のダブルブリッジで、クロス型の飾りリベ
ットを施した珍しいデザイン。テンプル裏に刻
まれた「Z87」の刻印は、アメリカ工業規格の
安全基準をクリアしたセーフティグラスの証で、
度付きの耐衝撃レンズなどが装着できる。

Persol

1960's Italy
Acetate

RATTI社で製造されたPersolのハイカーブサ
ングラス。テンプルにはバネ性を出した独自機
構の「メフレクト」が採用されている。ブラウ
ンのガラスレンズは同ブランドのアイコン的カ
ラーで、ブラウンのウッド調のフレームともマ
ッチしている。

AUGUSTA GAGET

1960's France
Acetate Rhinestone

アイウェアデザイナーのオーガスタ・ガジェットが手がけた、60年代後半におけるパリのムードを象徴するようなデコラティブな1本。羽ばたく蝶にカラフルなラインストーンがちりばめられた一点物で、顔からはみ出る大きなフレームはベネチアンマスクのよう。

Christian Dior

1960's France
1/10 12K Gold Filled

大ぶりのラウンドシェイプのリムに、ハンドペ
イントでアールヌーボー調の有機的な装飾を施
した、目を見張るような芸術的なデザイン。メ
タルリムの裏面にはブランドのロゴが刻印され
ている。Christian Dior初期のアイウェアはア
メリカのTURA社が製造した。

OPTIQUE MAGNIFIQUE

[4319]

<u>1960's United States</u>
<u>Zyl</u>

建築家のル・コルビュジエが愛用したアイコニ
ックな丸眼鏡。フランスで製造されてアメリカ
のブランドが販売したもので、ボリューム感の
あるラウンドシェイプには、六角形の星形ピン
飾りが施されている。ストレートのファットテ
ンプルもトレードマークのひとつ。

OLIVER GOLDSMITH
[ZOOK]

1960's United Kingdom
Acetate

スクエアシェイプの[ZOOK]は、レンズ周りに
ブラウン管テレビのように斜めに削り出した
「テレビジョンカット」を施し、立体感を出しつ
つ軽量化。60年代のOLIVER GOLDSMITH
は英国製だが、「テレビジョンカット」のように
手間のかかる手法はフランスで製造した。

Unknown

1960's Italy
Acetate

イタリア製オーバルシェイプのサングラスは、
ターコイズブルー×オフホワイトのコントラス
トが鮮やかだ。フロントには大胆な「テレビジ
ョンカット」が施されており、サイドから見た
時に奥行きが生まれる。オリジナルのガラスレ
ンズが高級感を醸し出している。

Unknown

1960's France
Acetate Gold Filled

メタルのブロウバーにアセテートのリムをぶら下げたコンビネーションは、50-60年代にかけてフランスで人気を博した「アモール」というスタイル。フロントはべっ甲柄とクリアのツートーンになっており、ゴールドのメタルブロウは貫禄がありつつ、知的な佇まいだ。

OLIVER GOLDSMITH
[KOKO]

1960's United Kingdom
Acetate

60年代にビッグシェイプのラウンドサング
ラスが大流行したなかで、こちらはOLIVER
GOLDSMITHのグラマラスな1本。フロント
は肉厚なアセテートを削り出し、彫刻のような
立体的なフォルムを実現した。爽やかな白いフ
レームにガラスレンズの高い質感が映える。

Unknown

1960's France
Acetate Crystal

60-70年代にかけてフランス・ジュラ地方の
眼鏡職人は、自らの技術レベルの高さを誇示す
るために芸術的なフレームを作っていた。手作
業で埋め込まれたクリスタルも圧巻ながら、複
雑に入り組んだフレームを丹念に磨き上げてい
る所に、職人のプライドを感じさせられる。

Chapter. 6

1970年代はサングラスを中心に顔を覆うようなビッグシェイプや複雑なフォルムが数多く登場する。そのきっかけのひとつが新素材の採用だ。オーストリアの科学者であるウィルヘルム・アンガー氏が開発したオプチルは、美しい色や艶、模様などを表現できる樹脂素材。非常に軽く、経年劣化がしにくく、高級感のある質感が特徴だ。70年代にはChristian Diorやdunhillのオプチルコレクションが登場し、大型フレームの軽量化が進んだ。この頃、サングラスはブランドの知名度を上げる恰好のアイテムとなり、時代が進むにつれてテンプル内側に刻まれていたロゴが、より目につく外側に見られるようになる。また、60年代まではガラスレンズが主流だったが、70年代には軽くて加工しやすいプラスチックレンズへと徐々に変わっていく。プラスチックレンズはより大きなフレームに対応できたため、ビッグシェイプの流行も後押しした。

とはいえ、派手な眼鏡ばかりが注目されたわけではない。質実剛健なドイツの老舗RODENSTOCKは、68年発表のブロウタイプの［RICHARD］をはじめ、数多くの人気モデルを生み、70年代には500万本ものフレームを製造・販売するに至る。日本でも昭和レトロな趣の重厚なブロウタイプが人気であった。メタルフレームの素材にも変化が。1971年にニクソン米大統領が発表したドルの金交換停止によって、金の価格が高騰。金を多く使う金張りは姿を潜め、薄い金膜を貼る金メッキの時代になっていく。

1970's

新素材でより大きく軽量に

Ray-Ban
[OUTDOORSMAN Amber Matic]

1970's United States
24K Gold Electroplating

アビエータータイプの[OUTDOORSMAN]に、1974年発表の全天候型サングラスレンズ「アンバーマチック」を搭載。紫外線などに応じてレンズの色が変化し、室内や夜はコントラストを高めるオレンジ系に、気温が高い晴天時は濃いブラウン、気温が低い晴天時はグレーに変わる。

Ray-Ban
[VAGABOND]

1970's United States
Acetate

アメリカオリンピック委員会公認のRay-Ban
オリンピックゲームシリーズの記念モデル。ティアドロップのサングラスは、テンプルにシンボリックな五輪マークが描かれている。イエロー×オレンジのレトロなカラーは70年代のムードを感じさせる。

Persol
[802]

<u>1970's</u> <u>Italy</u>
<u>Acetate</u>

"三つ目"のような3枚のレンズで構成された
大ぶりなティアドロップ。メタルのシリンダー
を埋め込んだ、曲がるテンプルの「メフレクト」
を搭載しており、ビッグシェイプの重厚なデザ
インながらも、掛け心地がしっかりと考慮され
ている。

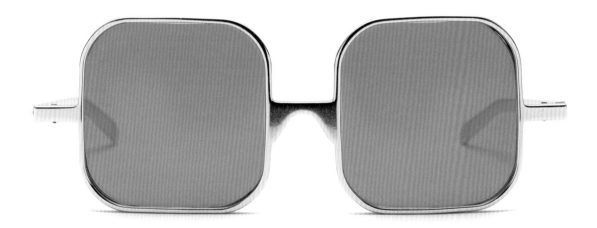

RENAULD

1970's France
Aluminum

角を落とした正方形のフォルムが斬新なフレームは、素材にアルミニウムを使用。メタリカルなアルミの質感と直線的なデザイン、濃いブルーのレンズがスペイシーな雰囲気だ。ちなみにRENAULDは1961年にフランスで誕生したブランドで、フレーム製造はアメリカで行われた。

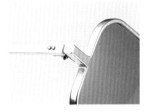

Christian Dior
[D06]

1970's France
Optyl

オプチル素材を採用したアイコニックなサング
ラス。オプチルは軽くて様々な形に成形でき、
鮮やかなカラーや美しい光沢を表現できるため、
70年代にはデコラティブなアイウェアが数多
く誕生した。顔をはみだすほどの大きさで、か
つフレームを窪ませた立体造形も可能に。

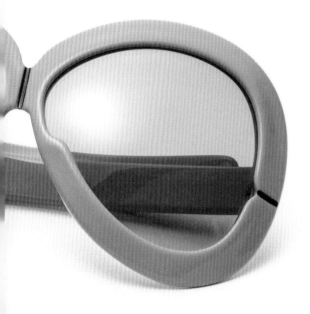

Silhouette
[FUTURA]

<u>1970's Austria</u>
<u>Acetate</u>

1974年にSilhouetteが数量限定でリリースした［FUTURA］は、アイウェアデザイナーのドラ・デメルが手掛けた画期的なコレクション。ビビッドなカラーや極太フレームが顔を覆う近未来的なデザインで大きな話題となり、エルトン・ジョンも愛用した。

SWAN

<u>1970's United States</u>
<u>Aluminum</u>

アルミニウムを使用したダブルブリッジのスクエア。無機質で冷たい印象になりがちなアルミ素材だが、マットブラウンのカラーリングで、柔和でモダンな雰囲気に仕上がっている。太くてバネ性が少ないため、カチッとした“融通の効かない掛け心地”だが、それも味のひとつ。

United States
Safety Service
[S9]

1970's United States
Acetate

アメリカ軍に制式採用されて、退役した軍人な
どに支給されていたフレーム。当時はまだ「眼
鏡＝野暮ったい」というイメージが残っていた
ため、これを掛けるとモテないという意味で、
「BCG（Birth Control Glasses／避妊眼鏡）」のニ
ックネームで呼ばれた。

RODENSTOCK
[RICHARD]

1970's Germany
Acetate 1/20 12K Gold Filled

ドイツの老舗ブランドRODENSTOCKを代表
する歴史的モデルが［RICHARD］だ。無骨で
太いブロウタイプのコンビネーションは、昭和
の時代に日本で一世を風靡した。のちに、日本
市場向けにアセテートをべっ甲に交換したタイ
プが発売されるほど愛されたデザインだ。

MASUNAGA KOKI
[GENTRY-27]

1970's Japan
Celluloid 12K Gold Filled

1905年に福井で創業した増永眼鏡が手掛けた
ブロウタイプ。ボリューム感のあるセルロイド
にシャープなカッティングを施し、12金張り
の太いメタルブリッジを合わせた重厚なデザイ
ンだ。セルロイド製テンプルは内側がクリアカ
ラーで中の芯金が透けて見える。

MASUNAGA KOKI
[EXCEL-205]

<u>1970's</u> <u>Japan</u>
<u>Celluloid</u> <u>12K Gold Filled</u>

12金張りのメタルフレームに頑丈なセルロイ
ドを合わせた、女性用のコンビネーションブロ
ウ。丸みを帯びたフォルムと柔らかなブラウン
が独特で、ピッタリと重なるテンプルの合口な
ど、細部からメイド・イン・ジャパンの高い技
術力が伝わってくる。

renoma
[25-201]

1970's France
Copper Nickel Alloy

60年代以降はサングラスだけでなく、眼鏡フ
レームにおいてもダブルブリッジのデザイン
が一般に浸透し、70年代に大型化していった。
少しぼってりとしたメタルティアドロップは当
時の主流なスタイルで、オールブラックの落ち
着いたカラーが映える。

Chapter. 7

ヒ ップホップやストリートカルチャーが全盛となった1980年代。アイウェアはよりデコラティブで大胆なスタイルが潮流となる。代表格が大ぶりのフレームに華麗な装飾を施したドイツのCAZALだ。CAZALは80年代にマイケル・ジャクソンやM.C.ハマーといった黒人アーティストがこぞって愛用し、黒人たちの間でバイブル的な存在に。遂にはニューヨークのブロンクスでCAZALをめぐって殺人事件が起こってしまうほど、人気が加熱する。そんなCAZALを含め、眼鏡の専業ブランドが台頭を表し始めるのもこの時期だ。フランスのalain mikliは左右非対称やマスク型など、前衛的なデザインを数多く発表。「アイウェアデザイナー」という職業を世に認知させる。アメ

リカでは1987年にOLIVER PEOPLESが創業し、ここに来て過去のヴィンテージフレームの掘り起こしが始まる。

多くの国において経済成長や財政繁栄の時代が到来した80年代には、遊びや洒落の効いたアイウェアも登場した。イギリスのANGLO AMERICAN EYEWEARはカエルやピエロなど、パーティジョークのようなユニークなデザインで話題に。一方で、バブル景気の日本マーケットに向けて、CartierやSEIKOなどが、最高級の素材を使ったラグジュアリーな眼鏡を投入する動きも。時代のムードに後押しされて多様なアイウェアが登場したのが80年代だ。また、1983年には日本で初めてチタン製眼鏡の商品化に成功。以降、メタルフレームの主要な素材はチタンへ変わっていく。

1980's

デコラティブで大胆に

CAZAL
[616]

1980's Germany
Acetate Gold Plated

80年代に黒人アーティストらが愛用し、ヒップホップ&ストリートカルチャーのアイコン的存在となったCAZAL。ビッグシェイプでボリューム感たっぷりなスクエアの［616］は、エア・ジョーダンのCMでスパイク・リーが着用したことでも知られる歴史的モデルだ。

CAZAL
[862]

1980's West Germany
Acetate

ドイツブランドらしいストレートのブロウライ
ンが目を引くシャープなティアドロップ。ター
コイズブルー×シルバーのブロウが強い存在感
を放ち、テンプルに施したゴールドの金具と
CAZALのロゴによってゴージャスさが増して
いる。

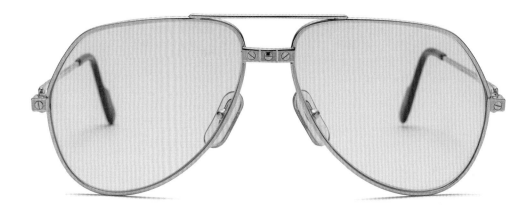

Cartier
[VENDOME SANTOS]

1980's France
22K Gold Plated

1983年にアイウェアラインをスタートした
Cartier。ジュエリー製造のようにフレームをル
ーペで検品し、高精度な研磨によって美しい仕
上げを実現した。[VENDOME SANTOS] は
世界初の腕時計「サントス」をイメージしてお
り、時計と同じビスのモチーフが施されている。

Silhouette
[3038/10]

1980's Austria
Acetate

80年代にはヒップホップやブラックカルチャーと親和性が高かったSilhouette。左右非対称のアヴァンギャルドなデザインに、赤×白のポップなカラーリングがよく映える。テンプルは赤と白で左右の色が異なり、「S」のイニシャルロゴが施されている。

alain mikli
[CLÉ DE SOL]

1980's France
Acetate

alain mikliの名を世界に知らしめたデザインが
［CLÉ DE SOL］だ。音符を彷彿とさせるユニ
ークなアイウェアはClaude Montanaのショー
のためにつくられたもので、世界で20本しか
生産されていない。1982年にはアンディ・ウ
ォーホルが着用して話題となった。

PORSCHE DESIGN
by CARRERA
[5621]

1980's Austria
Nickel Alloy

142

世界的な眼鏡開発者であるウィルヘルム・アン
ガー氏が立ち上げたCARRERAとPORSCHE
DESIGNのコラボモデル。大ぶりのティアド
ロップは、ブリッジにあるクリップを引き上げ
るとレンズ交換ができる「レンズインターチェ
ンジャブルシステム」を採用している。

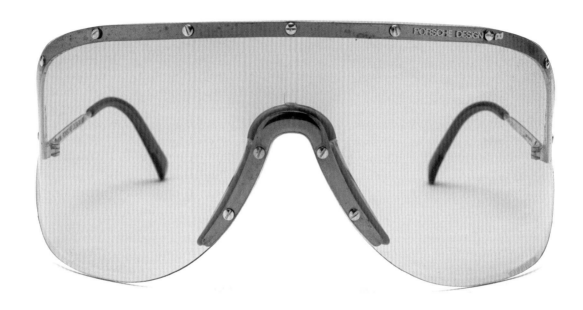

PORSCHE DESIGN
by CARRERA
[5620]

1980's　Austria
Polycarbonate　Nickel Alloy

オノ・ヨーコが『Rolling Stone』誌の表紙で着
用し、スティーヴィー・ワンダーも愛用した伝
説的モデル。顔を覆うようなシールドタイプの
サングラスは、レンズがワンピースで視野が広
い。軽量なポリカーボネイト素材のためビッグ
シェイプでも軽く、耐久性も高い。

BOEING CARRERA

[5701]

1980's Austria
Nickel Alloy

アメリカの航空機会社BOEINGとCARRERA
のコラボモデル。マットブラックのメタル
ティアドロップは、テンプルに施された
「CARRERA」の赤いロゴやラインがデザインの
アクセントになっている。テンプルが逆方向に
も開くバネ蝶番を搭載しており、機能的だ。

PLAYBOY
[4558]

1980's United States
Optyl

アメリカの成人向け娯楽雑誌『PLAYBOY』は、80年代にオプチル素材のアイウェアを発表している。雑誌と同じく、セクシー＆ユーモアを打ち出したデザインが特徴で、テンプルには蝶ネクタイをしたウサギの横顔「ラビットヘッド」の姿が。製造はドイツで行われた。

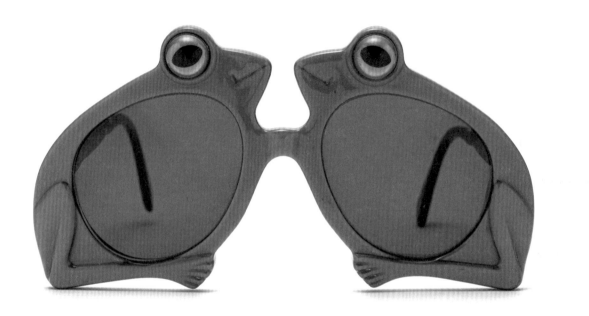

ANGLO AMERICAN EYEWEAR
[frog]

1980's United Kingdom
Acetate

1882年にイギリスで創業したANGLO AME RICAN EYEWEARはユニークなアイウェアを数多く生み出した。［frog］は2匹のカエルが向き合った可愛らしい意匠だが、垂れ目のレンズシェイプで、掛けると怪しげ。テンプルエンドがカエルの足になっており、芸が細かい。

Persol
[649]

1980's Italy
Acetate

トラムの運転手が風や埃を防げるように考案された［649］は、シルバーアローの装飾と顔の形状に合わせて曲がる「メフレクト」を搭載。Persolを代表するマスターピースだ。映画『華麗なる賭け』では、スティーブ・マックイーンが［649］の折り畳み式を着用している。

Persol

[001]

<u>1980's</u> <u>Italy</u>
<u>Acetate</u>

フロントの両サイドに風防のようにガラスレン
ズを配した大胆なサングラスは、横から回り込
む光の眩しさも軽減する。80年代にはデコラ
ティブなアイウェアが注目されたが、老舗サン
グラスブランドであるPersolも、この時代には
特異なデザインを発表した。

dunhill
[6056]

1980's United Kingdom
Gold Plated Buffalo Horn

英国王室御用達ブランドdunhillのメタルフ
レームは、一世を風靡したライター「ローラガ
ス」同様、麦の穂の模様を取り入れている。ブ
ロウラインにバッファローホーンを施した特別
仕様で、製造はドイツで行われた。テンプルに
は「GENUINE HORN TRIMS」の刻印が。

SEIKO VISTA
[LION D'OR]

1980's Japan
18K Solid Gold

SEIKOが1973年にスタートさせた自社ブランドがVISTAである。80年代には［LION D'OR（金の獅子）］の名で、18金や本鼈甲を用いたラグジュアリーなコレクションを発表。高級素材と高度な技術を駆使した贅沢なフレームは、バブル景気だからこそ実現できたと言える。

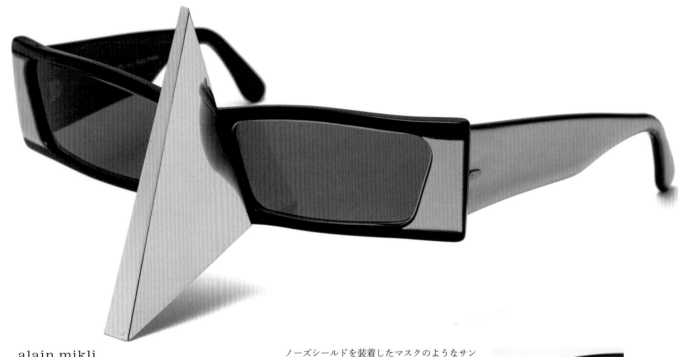

alain mikli
[A.M.88]

1980's France
Acetate.
Nickel Copper Alloy

ノーズシールドを装着したマスクのようなサン
グラスは、アラン・ミクリ氏自身の鼻をパロデ
ィしたもので、1987年の広告ビジュアルにも
使用されている。alain mikliのクリエイティビ
ティが発揮された前衛的なデザインで、2014
年には復刻版が登場した。

alain mikli
[637]

1980's France
Acetate Alloy

ダブルブリッジにデミ柄のアセテートを合わせたコンビモデルは、アーティスティックなデザインながらも日常使いも可能で、alain mikliの先進性が窺える。横長のスクエアシェイプやストレートのブロウラインも斬新で、マットブラックによりモードな雰囲気に。

ROBERT LA ROCHE
[543]

1980's Austria
Acetate Alloy

1973年にオーストリアで創業したデザイナー
ブランドROBERT LA ROCHEのコンビフレ
ーム。1920年代前後のヴィンテージフレーム
で多く見られた多角形のレンズシェイプを取り
入れながらも、丸く面を取ったメタルテンプル
で遊び心を演出した。

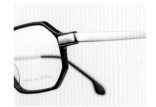

lafont paris

1980's France
Nickel Alloy Acetate

1923年にパリの眼鏡店からはじまり、79年に
ブランドを創業したlafont。フランスの伝統的
デザインの「クラウンパントゥ」は、メタリッ
クグリーンのフレームに孔雀のような美しい柄
のアセテートを合わせている。テンプルにはラ
フォン家の二代目「JEAN LAFONT」の刻印が。

MASUNAGA KOKI
[CONTINENTAL]

1980's Japan
Nickel Chrome Alloy

日本の職人技を駆使した高品質なスクエアシェイプ。メタルリムの上部にボリューム感のあるブロウを合わせた二重構造で、立体的なブリッジがアクセントに。ブロウはマット加工、リムは鏡面加工にすることでデザインや質感にメリハリを出している。

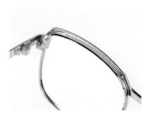

MASUNAGA KOKI
[METAL 126]

1980's Japan
Nickel Chrome Alloy

ぼってりと大きなスクエアシェイプに、少し野暮ったい印象を与えるダブルブリッジが、昭和におけるニッポン眼鏡のムードを表している。ストレートのバーブリッジはデザインのポイントになるだけではなく、フレームの強度を保つ役割も果たしている。

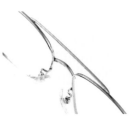

OLIVER PEOPLES
[OP-78]

1980's United States
Nickel Alloy

アメリカのヴィンテージフレームにインスパイア
されて、1987年に誕生したOLIVER PEOPLES。
初期に発表した［OP-78］は、30年代に流行
した「FUL-VUE」スタイルや往年のケーブル
テンプルを踏襲した。日本で製造されており、
複雑な彫金も施されている。

OLIVER PEOPLES
[OP-LE]

1980's United States
Nickel Alloy

正円に近いラウンドシェイプの[OP-LE]はAme
rican Opticalの「CORTLAND」を彷彿とさせる
コの字型ブリッジを取り入れた。フレームには
コインエッジの彫金が施されており、アンティ
ークゴールドのカラーと相まって重厚な雰囲気。
テンプルには「FRAME JAPAN」の刻印が。

Chapter. 8

160

デザイナーズブランドと、ライセンス契約を結んだアイウェアメーカーが蜜月状態にあり、素晴らしい名作がマーケットにあふれたのが90年代である。特に日本で製造されたJEAN PAUL GAULTIERのアイウェアは傑出していた。エッフェル塔をモチーフにした複雑なデザインや、工業用品のパーツを取り入れたスチームパンクを彷彿とさせる凝ったディテールなどは、日本の高度なメタル加工技術なくしては実現しえなかったと言えるであろう。また、当時はGIORGIO ARMANI、GIANNI VERSACE、GIANFRANCO FERREが「ミラノの3G」と称され、モードブランドが全盛の時代。アイウェアではブランドのロゴやマークを大胆にあしらうなど、90年代ならではの独自なアプローチが見られた。

一方で90年代は累進レンズなど、プラスチックレンズの性能が進化したことで、小ぶりのフレームでも以前より快適な視野を確保できるようになる。そのため、従来よりも天地幅の浅いスマートなスクエアやオーバルシェイプが新たなデザインとして人気を博す。また、デンマークのLINDBERGEを筆頭に、チタンなどの軽量な素材とスクリューレスの独自ヒンジを搭載した、無駄を省いたモダンなアイウェアが時代の最先端に。ここにきてアイウェアは、ファッショントレンドとは距離を置き、蝶番などの独自機構や、複雑で難易度の高いフォルム、軽量化など、フレーム単体で差別化する時代へ入っていく。

1990's

メイド・イン・ジャパンの技術力

JEAN PAUL GAULTIER
[Eiffel tower]

1990's France
Nickel Alloy

日本の高度な技術で製造され、90年代のアイ
ウェア史を語る上で欠かせない存在のJEAN
PAUL GAULTIER。[Eiffel tower]はモデル名
の通り、エッフェル塔の鉄骨構造をモチーフに
した斬新なデザインだ。三角形をつないだ複雑
な「トラス構造」を見事に表現している。

MATSUDA
[10611]

1990's Japan
Titanium

MATSUDAはDCブランドNICOLEの創設者である故・松田光弘氏が、1989年に海外向けに発表したアイウェアラインである。Dシェイプのレンズとサイドガードを備えた華麗なサングラスは、1800年代のアンティークフレームから着想を得たもの。

KENZO
[KE 2894]

1990's　Japan
Acetate

小ぶりなオーバルシェイプのサングラスは、フ
ロント上部にメタリックブルーのプレートを合
わせて、KENZOのロゴを大胆にデザインし
ている。ブランドロゴを大きくあしらう手法
は、90年代に流行したスタイルのひとつであ
る。見る角度によって表情が変わるのが面白い。

GIORGIO ARMANI
[121]

1990's Italy
Nickel Copper Alloy

GIORGIO ARMANIはクラシックスタイルを
モダンに再構築する手法で人気を博したが、そ
のスタンスはアイウェアでも一貫して変わらな
い。正円に近いラウンドシェイプにダブルブリ
ッジを組み合わせ、美しいラインとマットシル
バーのカラーでスマートに仕上げた。

l.a. Eyeworks
［pluto Ⅱ］

1990's United States
Aluminum

1979年にロサンゼルスで誕生したl.a.Eyeworks
は、芸術的なフレームワークで90年代のアイ
ウェアシーンを牽引したブランドだ。［pluto
Ⅱ］はメタルのリムに流麗なブロウとバーを加
えた複雑な構造になっており、バッタのような
ユニークなシェイプを表現した。

CUTLER AND GROSS
[0568]

1990's   United Kingdom
Acetate

1969年にロンドンで創業した老舗CUTLER
AND GROSSは、90年代には実験的なデザイ
ンを数多く発表している。フロントに中抜き加
工を施して、トリプルブリッジを表現したサン
グラスは、フロントサイドの直角な曲げと相ま
って、クラシックカーのようなルックスに。

JEAN PAUL GAULTIER

[56-5109]

1990's France
Nickel Copper Alloy

ブロウラインにはメタリックブルーのスプリン
グ、ブリッジとテンプルにはレールのラインと、
工業製品のパーツをモチーフに取り入れた意欲
作。JEAN PAUL GAULTIERが得意とするス
チームパンクのスタイルから、90年代らしさ
が伝わってくる。

JUNIOR GAULTIER
[58-0105]

1990's　France
Nickel Copper Alloy

1988〜1994年まで存在したセカンドラインの
JUNIOR GAULTIERの、4枚レンズが斬新な
ラウンドシェイプ。サイドのレンズは内側に折
り畳んで正面のレンズとぴったり合う構造で、
この遊び心あふれる複雑なデザインは日本の緻
密な加工技術で実現した。

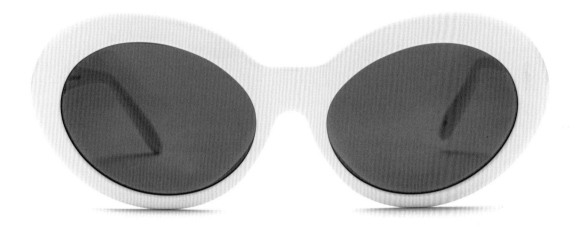

OPTICAL AFFAIRS
[6558]

<u>1990's</u> <u>United States</u>
<u>Acetate</u>

ニルヴァーナのボーカリストの故カート・コバーンが愛用した伝説の白いサングラス。リムが極端に太いオーバーサイズのオーバルキャットアイが、60年代を彷彿とさせる。OPTICAL AFFAIRSはNYの人気アイウェアブランドChristian Rothの前身となった会社である。

GIANFRANCO FERRE
[GFF77]

1990's Italy
Gold Plated

GIANFRANCO FERRE は GIORGIO ARMA
NI や GIANNI VERSACE とともに「ミラノの
3G」と称され、モードシーンを牽引したブラ
ンドだ。華麗なイエローゴールドが映える半月
型のサングラスは、フロント前面にクリスタル
をあしらったゴージャスな仕様になっている。

YVES SAINT LAURENT
[5014]

1990's France
Acetate

キャットアイシェイプのサングラスは、ブラック×ゴールドの高級感あふれるカラーリング。フロントに配されたメタルパーツは、古代エジプトを想起させる重厚な意匠だ。テンプルの外側に YVES SAINT LAURENT のロゴがあしらわれているのもポイント。

GIANNI VERSACE
[MOD 420/C]

1990's Italy
Nickel Alloy

GIANNI VERSACEのシンボルであるゴール
ドのメデューサを極太のテンプルにあしらっ
たインパクト抜群のサングラス。この［MOD
420/C］は、1997年に24歳の若さで暗殺さ
れたアメリカ人のラッパー、ノトーリアス・
B.I.G.が愛用したことでも知られている。

Ray-Ban

1990's　United States
24K Electroplating

1999年に Ray-Ban はイタリアの Luxottica 社
に買収されるが、それ以前の時代に Bausch &
Lomb 社が製造したなかでは最後期にあたるモ
デル。ハイカーブのサングラスは、天地幅が狭
く極端につり上がったレンズシェイプで、90
年代の"ヤンキースタイル"を彷彿とさせる。

OLIVER PEOPLES
[OP-662]

1990's United States
Unknown

天地幅の極端に浅いスクエアシェイプは、アンダーリムタイプのリーディンググラス。ノーズパッドのないサドルブリッジや、長さを調節できるスライド式テンプルなど、古典的なヴィンテージフレームの構造を90年代に取り入れているのが面白い。

LINDBERG
[AIR TITANIUM]

1990's　Denmark
Titanium

1985年に創業したLINDBERGは最高グレードの純チタンを用いて、ネジやロウ付けなどのない超軽量の眼鏡を開発した。ネジを使用しないミニマルデザインの元祖であり、約30年前に発表されたリムレスフレームは、今も色褪せない普遍的なプロダクトだ。

Column. 1

<u>コラム</u>

日本の眼鏡。
産地の100年

本書では1920-1990年代のヴィンテージ眼鏡を紹介しているが、その間、日本の眼鏡はどのような道を歩んできたのだろう？ 日本の眼鏡産地といえば、鯖江市を中心とする福井県で、国内シェアは90％を超える。福井で眼鏡産業が誕生したのは1905年のこと。寒冷地である福井は、冬は深い雪に閉ざされてしまう。そこで農閑期に副業ができるよう、当時、村会議員であった増永五左衛門が大阪から眼鏡職人を呼び寄せて、故郷の生野(現・福井市)で眼鏡作りをスタートしたのが始まりだ。

福井の眼鏡産業は世界の動向や流行に柔軟に対応しながら、新技術の開発に取り組んできた。たとえば、1920年代中頃にはアメリカから「米金」と呼ばれた金張りフレームが大量に輸入された。「米金」の攻勢に歯止めをかけるため、福井市で金属メッキ業を営んでいた木村菊次郎が、ドイツから機器を入手し大阪の専門職人から学び、独自に金メッキ加工法や金張り加工法を完成させる。また、同時期に映画俳優ハロルド・ロイドがセルロイドの丸眼鏡を掛けてスクリーンに登場し、日

1

2

本でも大ブームに。その際は職人の佐々木末吉が大阪でセルロイドの材料を入手し、テンプルエンドにセルロイドを巻く通称「モダン」を考案。その後、福井でセルロイド製フレームが数多く製造されるようになる。

　福井で眼鏡の製造技術が高まった要因は、増永五左衛門がとった「帳場制」にある。これは親方、職人、弟子が「帳場」と呼ばれるグループごとに眼鏡を製造し、技術やコストを競い合いながら、徒弟の養成を行うというもの。腕の良い職人たちが鯖江を中心に独立し、

眼鏡産地が形成されていったのだ。戦後は高度経済成長のなかで眼鏡の需要は急増し、1970年代中頃には日本で95％のシェアを実現。海外にも積極的に販路を求め、この頃には生産した眼鏡の約6割を輸出するほどに至る。

　その後、日本の名が世界に知れ渡る転機が訪れる。1983年に福井県内の各社が世界で初めてチタンフレームの商品化に成功するのだ。チタンは鉄よりも40％軽く、サビにも強いが、硬い素材のために加工が困難であった。日本が世界に先駆けてチタン加工技術

を習得すると、PRADAやGUCCIといった海外の名だたるブランドがアイウェアの製造を依頼した。90年代にはJEAN PAUL GAULTIERのアイウェアを製造し、デザイナーが生む複雑なデザインを具現化。福井の高度な技術が世界の眼鏡デザインを底上げした。そうしてイタリア、中国とともに、日本が世界三大眼鏡産地のひとつと呼ばれようになる。いまでは海外のブティックなどで「Made in Japan」と刻印されたアイウェアを見かけるのも当たり前の時代となったのだ。

Column. 2

コラム

世界中から集めた
貴重な眼鏡の古道具

世界中を飛び回ってフレームを集める
ヴィンテージショップには、貴重なフ
レームだけでなく、当時の光学器具な
ども展示されている。

1・2：1940年代フランス製のスタンピング・
マシーンとその金型。眼鏡の金型を機械に取
り付けて、アセテートの板を打ち抜いて製造
していた。3：左上・左下は1960年代の検
眼フレーム。4：1910年代にヨーロッパで
使用されていた眼鏡を模した看板。5：レン
ズの屈折力であるディオプターの程度を知る
ために、レンズのカーブを測定する小型測定
器。6：中国の古い眼鏡。7：ドイツ製の三
面鏡。鏡の後ろが視力表になっている。

（GLOBE SPECS）

1

3

6

4

7

2

5

Column. 3

コラム

時代を駆け抜けた
眼鏡を彩る " 名脇役 "

眼鏡と一緒に倉庫から発見されたカタ
ログや紙のパッケージなど、年代物の
アイテムを紹介。色やデザインから当
時のムードが伝わってくる。

1：半世紀以上昔のフレームが入っていた箱。
2：昔、眼鏡は紙製のスリーブケースに入れ
て販売されていた。3：100年前の価格表な
どから年代やフレームの種類を割り出すこと
も。4：今も修理に使用できるネジは非常に
希少価値が高い。5：100年以上前に作られ
たフェミニンな眼鏡チェーン。6：American
Optical の工具。7：本書にも登場した Persol
のサングラスレンズ。8：TART OPTICAL
や American Optical の貴重な外箱。

(SOLAKZADE)

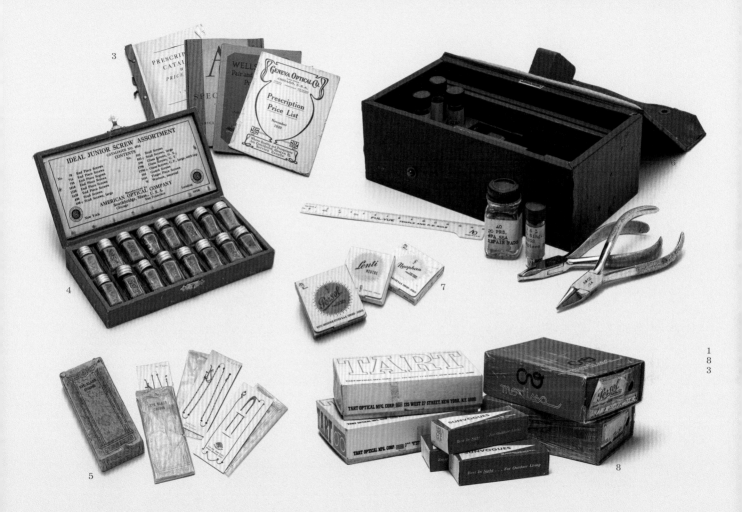

Column. 4

コラム

現在では希少な
ガラスレンズの魅力とは?

旧・西ドイツ時代に作られた
カール・ツァイス社のガラス
レンズ。美しい質感と透明感
のある色は時を経ても健在だ。

約半世紀前までは眼鏡のレンズはガラスが主流だった。だが、現在の眼鏡レンズは95％以上がプラスチックレンズだ。ガラスレンズとプラスチックレンズの関係は、ドリンクの容器がガラス瓶からペットボトルに変わったことに似ている。ガラス瓶は色が美しく見た目も良いが、重くて落とすと割れる恐れがある。一方のペットボトルは軽くて持ち運びやすく、割れにくい。

似たことが眼鏡のレンズにも言える。

ガラスレンズは傷がつきにくくて透明度が高く、見た目に高級感があり、掛けるとクリアな視界が保てる。紫外線で退色しないから経年劣化もしにくい。デメリットはプラスチックレンズより重くて割れやすく、加工に手間がかかること。いっぽうのプラスチックレンズは、軽くて割れにくく、多彩なフレームに対応可能。デメリットは熱

や傷に弱く、経年劣化で黄ばんでくることだ。扱いやすいプラスチックレンズに移行したのは時代の流れであったが、ガラスレンズの高い質感を好むファンは多い。だからこそ、今もアメリカを中心としたアイウェアのトップブランドはあえてサングラスにガラスレンズを使用する。現在では希少なガラスレンズは、ヴィンテージ眼鏡を格上げしてくれる大切なアイテムだ。

184

Column. 5

コラム

ヴィンテージ眼鏡
素朴な疑問Q&A

Q1. 良い状態を見分けるコツは?

プラスチックフレームは時が経つと可塑剤などの水分が抜けて縮むことがある。特にサーモントや「セル巻き」は、生地が縮んで長さが足りなくなることもあるので確認を。古いプラスチックフレームは酸っぱい匂いがするものもあるが、この匂いは取れないので匂いもチェック。リベットの金具や蝶番はグラつきがないかも確認しよう。

Q2. 似合うフレームの探し方は?

欧米のヴィンテージはフロント幅が小さいものが多いので、サイズ感に注意。掛けた時にフロント内の目の位置が真ん中か、少し内側にくるものを選びたい。

Q3. 度付きレンズは入れられる?

基本、度付きレンズを入れられるが、コンディションによるので購入店で確認を。

Q4. ヴィンテージ眼鏡は高い?

プレミア付きで30万円を超えるものもあるが、探せば3万円代の手が届きやすいものもある。

Q5. ヴィンテージ眼鏡の魅力は?

国や時代ごとに製法や素材が違い、今の眼鏡にはない独特の存在感がある。代わりが存在しない一点物だから、他の人とは違う眼鏡が欲しい方にもおすすめ。

Q6. 取り扱いの注意点は?

水分や油分が大敵なので、掛け終わった後は汗などを拭き取ろう。使用後は室温の安定した湿気の少ない場所に保管するのがベター。

Q7. ズレる時はどうすれば?

ヴィンテージに限らず、眼鏡は自分で調整しない方が良い。調整や修理ができる専門店で買い、お店で調整してもらおう。

Glossary
用語

● アビエーター
アメリカ空軍の要請で1930年代に Ray-Ban が開発したパイロットサングラス。

● ケーブルテンプル
1885年に American Optical が乗馬用に開発した、耳の後ろに巻きつく形状のテンプル。

● セル巻き
メタルのリムに薄いプラスチックを巻きつけた構造。セルロイドを巻いたため「セル巻」に。

● ファットテンプル
セルロイド製で芯がなくても強度が保てる極太のテンプル。フレンチヴィンテージに多い。

● インジェクション
熱で溶かしたプラスチックを金型内に注入し、冷却・固化させる成形方法。射出成形とも言う。

● サイドマウント
フロントサイドの中央からテンプルが設置されたデザイン。1930年以前に多く見られた。

● 座堀り
蝶番を取り付ける際に、プラスチック生地の面から飛び出さないように、生地を彫り込むこと。

● ニューモント
1930年代に American Optical が開発した、縁なしフレームを1点で固定する方法。

● カシメる
器具などの継ぎ目を工具で固く密着させること。眼鏡では蝶番に鋲を打ち込んで固定する。

● サドルブリッジ
ノーズパッドがないブリッジで鼻に載るように湾曲している。日本では「一山式」とも言う。

● 芯なし・芯あり
テンプルに埋め込んだ芯の有無。堅牢なセルロイドは、芯なしでも強度が保てるものがある。

● テンプルエンド
テンプルの先端のこと。プラスチックなどを使った耳当て部分のカバーを「モダン」と言う。

最後に本編で解説しきれなかった用語を紹介する。
ヴィンテージ特有の用語もあるため、購入する際の参考にもしてほしい。

● フルビュー
テンプルの位置が上部に設置されたデザイン。1930年にAmerican Opticalが開発した。

● ベークライト
1909年に誕生した世界初の完全合成プラスチック。ノーズパッドなどの素材に使用された。

● べっ甲
ウミガメの一種であるタイマイの甲羅の加工品。古くから眼鏡や櫛などに使用された天然素材。

● リムウェイ
縁なしフレームを2点で留めて、レンズにメタルリムをはわせた固定方法のこと。

● リベット
穴を空けた部材に差し込んでカシメて固定する鋲のこと。眼鏡では主に蝶番の固定に使用する。

● リムレス
レンズを囲むリムがない、縁なし眼鏡のこと。1874年にAmerican Opticalが開発した。

参考文献

『EYEWEAR A VISUAL HISTORY』
Moss Lipow
Taschen GmbH ｜ 2011

『SPECTACLES&SUNGLASSES』
Pepin Press ｜ 2006

『メガネの文化史 ―ファッションとデザイン』
Richard Corson ｜ 梅田晴夫（翻訳）
八坂書房 ｜ 1999

『ファッションメガネ図鑑』
サイモン・マレー、ニッキー・アルブレッチェン
ガイアブックス ｜ 2013

『本格眼鏡大全』
世界文化社 ｜ 2020

Index

索引

1920's ▷

| P18 | SE | P19 | SZ | P20 | SE | P21 | SE | P22 | SZ | P24 | SZ | P25 | SE |

| P26 | SZ | P27 | SZ | P28 | SZ | P29 | SE | P30 | SZ | P31 | SZ | P32 | GS | P33 | SZ |

P34 | SZ   1930's ▷   P38 | SZ   P39 | GS   P40 | SZ   P41 | SZ   P42 | SZ   P44 | SE

P45 | SE   P46 | SZ   P47 | SZ   P48 | SZ   P50 | SZ   P51 | SZ   1940's   P54 | SE

P55 | SE   P56 | SE   P58 | SE   P59 | SE   P60 | SE   P61 | SE   P62 | SZ   P63 | GS

本書に掲載されている眼鏡一覧。ページ数と所有店を明記している。

SZ=SOLAKZADE ｜ GS=GLOBE SPECS ｜ SE=SPEAKEASY
PO＝ポンメガネ ｜ BL＝blink ｜ MS＝MASUNAGA1905 ｜ ＊＝個人蔵

P64｜SZ　　P66｜GS　　P67｜SZ　　P68｜SZ　　P69｜SZ　　P70｜SZ　　1950's ▷　　P74｜SZ

P75｜SZ　　P76｜SZ　　P78｜SZ　　P79｜SZ　　P80｜GS　　P81｜GS　　P82｜SZ　　P84｜GS

P85｜SZ　　P86｜GS　　P87｜SZ　　P88｜SZ　　P89｜SZ　　P90｜SE　　P91｜GS　　1960's ▷

P94｜SZ　　P95｜SE　　P96｜SE　　P98｜SE　　P99｜GS　　P100｜SE　　P101｜SE　　P102｜SZ

P103｜SZ　　P104｜SZ　　P105｜SZ　　P106｜SZ　　P107｜SZ　　P108｜SZ　　P110｜SZ　　P111｜SZ

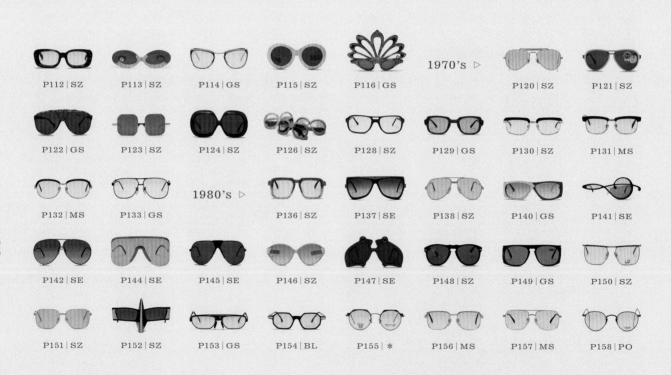

P112 | SZ   P113 | SZ   P114 | GS   P115 | SZ   P116 | GS   1970's ▷   P120 | SZ   P121 | SZ

P122 | GS   P123 | SZ   P124 | SZ   P126 | SZ   P128 | SZ   P129 | GS   P130 | SZ   P131 | MS

P132 | MS   P133 | GS   1980's ▷   P136 | SZ   P137 | SE   P138 | SZ   P140 | GS   P141 | SE

P142 | SE   P144 | SE   P145 | SE   P146 | SZ   P147 | SE   P148 | SZ   P149 | GS   P150 | SZ

P151 | SZ   P152 | SZ   P153 | GS   P154 | BL   P155 | *   P156 | MS   P157 | MS   P158 | PO

1990's ▷

P159 | PO   P162 | SE   P163 | SZ

P164 | SZ   P165 | SZ   P166 | SE   P167 | BL

P168 | SZ   P170 | SZ   P171 | SE   P172 | SZ

P173 | SZ   P174 | SZ   P175 | SZ   P176 | PO

P177 | GS

Shop
店舗

SOLAKZADE

150-0001
東京都渋谷区神宮前4-29-4
Tel:03-3478-3345

GLOBE SPECS

［渋谷店］
150-0041
東京都渋谷区神南1-7-9
Tel:03-5459-8377

SPEAKEASY

［神戸本店］
650-0004
兵庫県神戸市
中央区中山手通2-13-8-2F
Tel:078-855-5759

ポンメガネ

［浦和店］
330-0063
埼玉県さいたま市浦和区
高砂3-6-9
Tel:048-762-3919

blinc

107-0062
東京都港区南青山2-27-20
Tel:03-5775-7525

藤井たかの
Fujii Takano

メガネライター。大学卒業後、編集プロダクション勤務を経てフリーランスに。年間1000本以上の眼鏡に触れ、国内外の見本市や工場、商品紹介など、あらゆるアイウェアの記事を執筆。テレビでは『世界はほしいモノにあふれてる』『ゆく時代くる時代〜平成最後の日スペシャル〜』など、眼鏡特集の番組構成やアドバイザーを担当する。自身のwebやYouTubeチャンネルでも眼鏡の魅力を伝えている。

ヴィンテージ・アイウェア・スタイル
1920's-1990's

2021年3月25日　初版第1刷発行

著者　　　藤井たかの
発行人　　長瀬聡
発行者　　株式会社グラフィック社
　　　　　102-0073
　　　　　東京都千代田区九段北1-14-17
　　　　　Tel.03-3263-4318（代表）
　　　　　Tel.03-3263-4579（編集）
　　　　　Fax.03-3263-5297
　　　　　http://www.graphicsha.co.jp
　　　　　郵便振替　00130-6-114345
印刷製本　図書印刷株式会社

デザイン　　川島卓也／大多和琴（川島事務所）
写真　　　　小澤達也（Studio Mug）
取材協力　　尾原美保（資料翻訳）
編集協力　　鴎来堂
企画・編集　古賀瞳（グラフィック社）

協力　　　　SOLAKZADE／GLOBE SPECS
　　　　　　SPEAKEASY／ポンメガネ／blinc
　　　　　　増永眼鏡株式会社
　　　　　　めがねミュージアム

ISBN 978-4-7661-3488-9　　Printed in Japan